AF503928

Leçons élémentaires

D'ALGÈBRE.

A M D C.

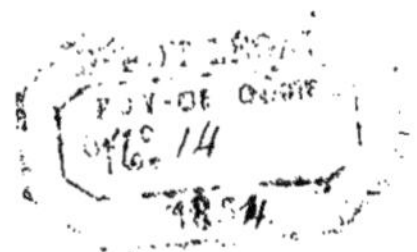

Lithographie Hubler, Bayle & Dubos, à Clermont-Fd

À tous mes Élèves.

—————

Témoignage de sincère affection et demande d'un

pieux Souvenir dans leurs prières.

—————

Leçons élémentaires

D' ALGÈBRE.

Chapitre 1er.

Définitions, Caractères et Signes Algébriques

№ 1. L'Algèbre est une espèce d'Arithmétique générale qui a pour but de représenter par des caractères qui n'ont aucune valeur déterminée : 1° Toutes sortes de quantités ; 2° les diverses relations qui peuvent exister entre ces quantités ; 3° les différentes opérations qu'il faut effectuer pour arriver à la solution de toutes les questions qu'on peut se proposer sur les grandeurs.

2. Les principaux avantages de l'Algèbre sont : 1° d'exprimer avec quelques caractères, quelques signes seulement, et d'une manière très-abrégée, ce qui en arithmétique demande beaucoup de mots ; 2° de résoudre facilement beaucoup de problèmes qui, traités par l'arithmétique, demanderaient des calculs et des raisonnements très-compliqués et même quelquefois seraient insolubles ; 3° de donner des démonstrations et des solutions générales applicables à toutes les questions semblables et qui ne diffèrent entre elles que par les valeurs des nombres donnés.

L'exemple suivant éclaircira ce que nous venons de dire :

On demande quel est à 5 pour cent l'intérêt de 1080 francs pour 83 jours.

Solution arithmétique. Puisque l'intérêt de cent francs est 5 francs pour un an, celui de 1 franc sera $\frac{5}{100}$ et celui de 1080 francs sera : $\frac{5 \times 1080}{100}$ ou 54 francs. On obtiendra l'intérêt d'un jour en divisant 54 par 360 : or $\frac{54}{360}$ donne

0.^{f} 15 en multipliant ce résultat par 83 on aura enfin 12.^{f} 45, intérêt demandé.

Telle est la solution donnée par l'arithmétique; mais les calculs successifs que nous avons effectués ont tellement modifié les nombres connus qu'on ne voit plus la trace des combinaisons qu'on leur a fait subir, ni les relations qui les lient au résultat final : aussi, pour une question semblable, si l'on change dans l'énoncé le capital, le taux ou le temps, il faudra recommencer le raisonnement et les calculs.

Solution algébrique. Représentons le capital par la lettre C, le taux par i et le temps ou le nombre de jours par t. Ces lettres, n'ayant aucune valeur déterminée, représentent un capital, un taux et un intérêt quelconques et puisque 100 ^{f} dans un an produisent i, un franc produira $\frac{i}{100}$; le capital C produira $\frac{C \times i}{100}$: c'est là l'intérêt d'un an; pour obtenir celui d'un jour qui doit être 360 fois plus petit, on aura $\frac{C \times i}{100 \times 360}$ ou $\frac{C \times i}{36000}$ et enfin l'intérêt d'un nombre quelconque de jours t sera évidemment $= \frac{C \times i \times t}{36000}$

Cette dernière expression, qu'on nomme formule, nous montre qu'en général l'intérêt d'une somme s'obtient en multipliant le capital par le taux et par le nombre de jours et en divisant le produit par 36000.

3. Ainsi on appelle *formule algébrique* ou simplement *formule* la solution d'une question écrite en langage algébrique ou le tableau, l'indication des opérations qu'il faut effectuer sur les nombres donnés par l'énoncé d'un problème pour trouver une quantité inconnue.

4. Toute quantité écrite en langage algébrique, c'est-à-dire représentée par les signes de l'algèbre s'appelle *quantité littérale* ou *quantité algébrique*.

5. Toute quantité algébrique renferme quatre parties : la lettre, l'exposant, le coefficient et le signe.

6. L'Algèbre représente les quantités par les lettres de l'alphabet, qui n'ayant

aucune valeur particulière, peuvent désigner toute espèce de grandeurs. Il est d'usage de représenter les nombres connus par les premières lettres $a, b, c \ldots$ et les inconnus par les dernières $\ldots x, y, z$; en outre, pour désigner des quantités différentes, mais analogues entre-elles, on emploie, pour ne pas perdre de vue leur analogie, les mêmes lettres modifiées par des accents, comme $a', a'', a''' \ldots$ qu'on énonce a prime, a seconde, a tierce $\ldots$

7. L'exposant est un nombre écrit au-dessus d'une lettre, un peu à droite et en caractère plus petit, il sert à indiquer combien de fois la lettre sur laquelle il est placé entre comme facteur dans un produit. Ainsi a^3 représente un produit dans lequel a est facteur trois fois; c'est-à-dire $a \times a \times a$. L'exposant se place aussi sur une quantité numérique. Ainsi 4^2 indique 4 facteur deux fois, c'est-à-dire 4×4 ou 16, de même 12^3 égale $12 \times 12 \times 12$ ou 1728. L'exposant peut-être aussi une lettre, ainsi a^n désigne que a est facteur un nombre de fois indéterminé. On sous-entend l'exposant toutes les fois qu'il est l'unité. Ainsi on écrit a et non pas a^1. c'est évidemment la même chose, c'est-à-dire a facteur une fois.

8. Le *coefficient* est un nombre qui sert à multiplier une quantité littérale et qui se place toujours à sa gauche. Ainsi $4a$ est la même chose que $a \times 4$; de même $\frac{2}{5}a$ égale $a \times \frac{2}{5}$. 4 et $\frac{2}{5}$ sont des coefficients.

On sous-entend le coefficient toutes les fois qu'il est l'unité, ainsi on écrit a et non pas $1a$; c'est évidemment la même chose, c'est-à-dire a pris une fois.

9. Outre les lettres qui représentent les grandeurs, l'Algèbre emploie aussi des signes pour indiquer les opérations à effectuer:

1°. le signe $+$ qui s'énonce *plus* et marque l'addition de deux ou plusieurs quantités, ainsi $a + b$ s'énonce a plus b et marque l'addition de la quantité a et de la quantité b.

2°. le signe $-$ qui s'énonce *moins* et dont on se sert pour indiquer qu'une quantité doit être soustraite d'une autre; ainsi $a - b$ s'énonce a moins b, et marque que de a on veut retrancher b.

3° le signe de la multiplication qui est $\times$ ou un point que l'on place entre les facteurs et qui se prononce multiplié par; ainsi $a \times b$ ou $a \cdot b$ s'énonce a multiplié par b et désigne le produit de a par b. Cependant lorsque les quantités, dont on veut indiquer la multiplication, sont représentées par des lettres, on les écrit ordinairement les unes à la suite des autres sans interposition de signe. Ainsi ab est la même que $a \times b$ ou $a \cdot b$; de même on écrit $ab\,mp$ au lieu de $a \times b \times m \times p$.

Il est évident qu'on ne peut pas supprimer le signe entre les facteurs numériques, entre 5 et 7 par exemple; car au lieu de 5×7 on aurait 57.

4° le signe de la division, qui consiste en deux points placés entre le dividende et le diviseur. Le plus souvent la division s'indique en algèbre comme en arithmétique sous la forme fractionnaire, ainsi $a : b$ ou $\frac{a}{b}$ indique a divisé par b; on prononce a sur b.

10. L'Algèbre emploie encore des signes pour indiquer les rapports des quantités entr'elles:

1° Le signe $=$ qui indique l'égalité de deux quantités; ainsi $a = b$ se prononce a égale b et exprime qu'il y a égalité entre la valeur numérique de a et celle de b

2° Le signe d'inégalité $>$; ainsi $a > b$ signifie a plus grand que b; $7 < 9$, signifie 7 plus petit 9; c'est-à-dire que l'ouverture du signe doit être tournée du côté de la plus grande quantité.

D'après l'exposé que nous venons de faire, on voit que l'on peut regarder l'Algèbre comme une espèce de langue d'un laconisme admirable, langue qui se compose de signes à l'aide desquels on suit avec facilité les calculs et les raisonnements qu'on est obligé de faire, soit pour trouver la solution d'un problème, soit pour démontrer une vérité.

11. On appelle quantités positives ou additives celles qui sont précédées du signe $+$

comme $+ 3 a^2 b$; et quantités négatives ou soustractives celles qui sont précédées du signe $-$, comme $- 7 a^3$, $- 4 b^2 c$. Toute quantité qui n'a pas de signe est positive, elle est censée avoir le signe $+$; ainsi $5 a b^3$ est la même chose que $+ 5 a b^3$.

12. On appelle terme toute quantité algébrique précédée du signe $+$ ou du signe $-$.

13. On appelle *monôme* une expression algébrique d'un seul terme comme $7ab$; *binôme*, celle qui en a deux, comme $4bm - cp$; *trinôme*, celle qui en a trois, comme $a^2 - 2ab + b^2$; enfin *polynôme* en général celle qui en a plusieurs.

On omet le signe $+$ devant un monôme positif, ou l'omet encore devant le premier terme d'un polynôme, quand ce terme est positif; dans aucun cas on n'omet le signe $-$.

14°. On appelle *degré* ou *dimensions* d'un terme la somme des exposants de toutes les lettres qui composent ce terme, c'est-à-dire qu'un terme a autant de dimensions qu'il a de facteurs littéraux. Le coefficient ne compte pas pour une dimension; ainsi le monôme $4 a^2 b^3 c =$ est un terme du 6ᵉ degré ou à six dimensions; car $2+3+1=6$; ou bien encore: $4 a^2 b^3 c = 4 a a b b b c$. Il ne faut pas oublier que toute lettre qui n'a pas d'exposant est censée avoir un pour exposant.

15°. Le degré d'un polynôme s'estime par celui du terme qui a le plus de dimensions, ainsi le polynôme $4 a^2 b^2 - 5 a^3 b^4 c - 7 b$ est un polynôme du 8ᵉ degré.

16°. Un polynôme est dit *homogène* lorsque tous ses termes sont du même degré; tel est le polynôme $5 a^2 b^3 - 2 a b^2 c^2 - a^5 + 7 a b^2 d^2$.

17. La *valeur numérique* d'une expression algébrique est le nombre qu'on obtient, lorsqu'après avoir remplacé chaque lettre par la valeur déterminée qu'elle doit avoir d'après l'énoncé de la question; on effectue tous les calculs indiqués. Cette valeur peut être entière ou fractionnaire, positive ou négative. Soit le polynôme $5 a b^2 c^3 - 2 b^3 + a^3$;

si l'on suppose $a = 4$, $b = 3$, $c = 2$; il devient:

$$5 \times 4 \times 3 \times 3 \times 2 \times 2 \times 2 - 2 \times 3 \times 3 \times 3 + 4 \times 4 \times 4 = 1450,\ \text{valeur numérique cherchée.}$$

Soit encore l'expression $x = \dfrac{4a^2 - 2b^3}{5c}$; en supposant $a = 8$, $b = 0,5$, $c = 15$, on aura:

$$x = \frac{4 \times 8^2 - 2 \times 0,5^3}{5 \times 15} = \frac{4 \times 64 - 2 \times 0,125}{75} = \frac{256 - 0,25}{75} = \frac{255,75}{75} = 3,41$$

18. Le produit qu'on obtient en multipliant une ou plusieurs fois par *elle-même* une quantité, s'appelle *puissance* de cette quantité. On a la 2e 3e 4e.... puissance selon que la quantité est $2, 3, 4$.... fois facteur; ainsi $a \times a$ ou plutôt, comme nous l'avons vu (7) a^2 est la seconde puissance de a; de même $a \times a \times a$ ou a^3 est la troisième puissance de a; de même encore 81 ou 3^4 est la quatrième puissance de 3 parceque $81 = 3 \times 3 \times 3 \times 3$. L'exposant sert donc à indiquer le degré de la puissance de la quantité sur laquelle il est placé.

La seconde puissance d'une quantité se nomme ordinairement le *carré*; et la troisième puissance, le *cube* de cette quantité. Ces dénominations sont empruntées à la Géométrie.

19. On appelle *racine* la quantité qui multipliée par elle même a produit la puissance. La racine deuxième ou *carrée*, troisième ou *cubique*, quatrième.... d'une quantité est le nombre qui 2 fois, 3 fois, 4 fois.... facteur reproduit cette quantité; ainsi 5 est la racine carrée de 25 parceque $5 \times 5 = 25$. 3 est la racine 4e de 81, parceque $3 \times 3 \times 3 \times 3 = 81$; de même a est la racine cubique de a^3.

20. L'opération qu'il faut faire pour revenir de la puissance à la racine se nomme *extraction de racine*. Elle s'indique par le signe $\sqrt{\ }$ qu'on nomme *radical*; dans l'ouverture duquel on place un chiffre qui se nomme l'*indice* et qui désigne le degré de la racine; ainsi $\sqrt[3]{64}$ représente la racine cubique de $64 = 4$; $\sqrt[4]{a}$ désigne la racine quatrième de a. On néglige l'indice pour la racine carrée; ainsi $\sqrt{a}$ indique la racine carrée de a.

21. Lorsqu'on veut indiquer une opération à effectuer sur des polynômes, on place ces polynômes entre parenthèses. Il ne faut pas omettre le signe indicatif de l'opération excepté pour la multiplication: en voici des exemples:

Addition : $(2a + 3b - c) + (2a^2 - 3b)$

Soustraction : $(a + b - 2m) - (4c^2 - 5m)$

Multiplication : $(a + 2b)\ (a + 3)$

Division : $(a + b) : (a - b)$

formation de puissance : $(a + b)^2$

extraction de racine : $\sqrt{a^2 - b^2}$.

22. Ordonner un polynôme par rapport à une lettre c'est écrire ce polynôme de manière à ce que les exposants d'une même lettre aillent en diminuant ou en croissant de droite à gauche. Il est évident d'après la nature de l'addition et de la soustraction que l'ordre des termes dans les polynômes est indifférent ; cependant il vaut mieux les ordonner ; quelquefois même c'est nécessaire. La lettre par rapport à laquelle on ordonne s'appelle lettre principale. Le polynôme suivant est ordonné par rapport aux puissances décroissantes de a :

$$a^4 - 3a^3 b^3 + 8a^2 b^2 - 3ab^4.$$

on aurait pu l'ordonner par rapport aux puissantes croissantes de la même lettre et écrire :

$$-3ab^4 + 8a^2 b^2 - 3a^3 b^3 + a^4.$$

on aurait pu encore l'ordonner par rapport à la lettre b et écrire :

$$-3ab^4 - 3a^3 b^3 + 8a^2 b^2 + a^4.$$

23. On appelle termes semblables ceux qui sont formés des mêmes lettres affectées de mêmes exposants, quelque soit d'ailleurs les coefficients et les signes ; ainsi $3a^2 bc^3 - 2a^2 bc^3 + \frac{4}{5}a^2 bc^2 - a^2 bc^3$ sont des termes semblables.

24. Lorsqu'un polynôme contient des termes semblables on le simplifie par une opération qu'on nomme réduction et qui consiste à réunir tous les termes semblables en un seul ; ainsi le polynôme $7a^2 b - 4a^2 b + 8ac - 9ac = 3a^2 b - ac$. Il est évident en effet que 7 fois la quantité $a^2 b$ moins 4 fois cette même quantité revient à $3a^2 b$; de même 8 fois moins 9 fois ac revient à moins une fois ac.

25. Comme la réduction des termes semblables ne porte que sur les signes et les coefficients ; pour effectuer cette opération il suffit de faire d'abord la somme de tous ceux qui ont le

signe $+$, ensuite celle de ceux qui ont le signe $-$ puis de retrancher la petite somme de la plus grande et de donner au reste le signe de la plus grande.

Exercices sur les questions précédentes.

1. Indiquer un produit dans lequel a est facteur 7 fois.

2. Indiquer le produit de 5 par la quatrième puissance de b.

3. Indiquer le quotient de 4 fois la troisième puissance de m par le carré de x.

4. Indiquer l'excès de a^3 sur b^2.

5. Exprimer le quotient de la somme des quantités $4m$ et $2x$ par 8.

6. Exprimer le produit du tiers de $7a$ par la racine cubique du produit de b et de c.

7. Quelle est la valeur de $\sqrt{64}$, de $\sqrt[3]{64}$, de $\sqrt[4]{16}$?

8. L'expression $8a^2 > 3a^4$ est-elle juste en supposant $a = 5$?

9. Quelle différence y a-t-il entre $4a$ et a^4 en supposant $a = 15$?

10. - Quelle est le cube de a^2 ?

11. Quelle est la cinquième puissance de 10, la quatrième de 0,1, la troisième de $2/5$?

12. Trouver la valeur numérique du monôme $5a^2b^3c$ en supposant $a = 4, b = 2, c = 12$?

13. Trouver la valeur numérique du monôme $4a^2b^3c^4m^2$ en supposant $a = 3, b = 5, c = 10, m = 0,01$?

14. Chercher la valeur numérique du binôme $5a^3b^2c^4m - 2a^2b^3c^2m^2$ pour $a = 4, b = 3, c = 0.05, m = 2/3$.

15. Exprimer la valeur de x dans l'expression $x = \dfrac{2ab^4 + 1}{3}$ pour $a = 10, b = 0,4$.

16. L'expression suivante : $\dfrac{3x}{4} + \dfrac{x}{2} - \dfrac{5x}{6} + \dfrac{x}{12} = 40$ est-elle vraie en supposant $x = 24$?

17. Calculer la valeur numérique de l'expression $\dfrac{4a^3 - 3ab^2 + 10b^4}{5a^2 - 2b^3 + 4c}$ pour $a = 30, b = 12, c = 11$.

Faire la réduction des termes semblables dans les polynômes suivants:

18. $8a^3b^2 - 2a^3b^2 + 9a^3b^2 + 4a^3b^2 - 5a^3b^2 + a^3b^2 - 3a^3b^2$

19. $4a^2b^3c - 2ab^4c + 5a - 3a^2b^3c - 3a + 7ab^4c - 8a - a^2b^3c - ab^4c + 3a^2b^3c - a$.

20. $9a^2c + 4a^2b - 3a^2c - 6b^3 + 5a^2c + 2b^3 - 8a^2c + 4b^3 - 3a^2c$.

21. $5abc^2 - 8abc^2 - abc^2 + 2abc^2 - 7abc^2$.

22. $8a^5 + 4a^2b^3 - 12a^4b - 10b^5 + 6a^4b - 16a^3b^2 + 10a^4b + 9a^3b^2 - 7a^2b^3 + 13ab^4 - 3a^5$

23. $+ 5a^2b^3 + 4a^4b - 5a^5 - 2a^2b^3 + a^4b + 3b^5 - a^3b^2 + 7a^4b + 4a^3b^2 - 4a^4b$.

24. Ordonner par rapport aux puissances — décroissantes — de la

9.

lettre a le polynome suivant: $4a^2b^2 - 5ab^4 - 3a^5 + 7a^6 + 8a^2b^3 + 2a^4b$.

25. Ordonner le même polynome par rapport aux puissances croissantes de c.

Chapitre II.

Calcul algébrique.

26. Comme l'Arithmétique, l'Algèbre a ses opérations fondamentales qui offrent en général les mêmes idées, sont susceptibles des mêmes définitions, portent les mêmes noms; mais en diffèrent par les procédés qu'il faut suivre pour les effectuer. Ce sont ces procédés qui constituent le *Calcul algébrique*.

§1. Addition.

27. L'Addition algébrique est une opération par laquelle on réunit plusieurs quantités en une seule qui en est la Somme ou le Total.

28. Pour faire l'addition de quantités algébriques il faut les écrire les unes à la suite des autres, en conservant à chaque terme le signe dont il est précédé. ont fait ensuite la réduction des termes semblables s'il y en a.

29. Théorie. Soit, par exemple, à ajouter au monome $4b^2$ le binome $c-m$. pour ajouter c à $4b^2$. il est évident qu'il suffit d'écrire $4b^2 + c$; mais comme c'était c diminué de m qu'il fallait ajouter, le résultat précédent est trop fort de toute la valeur de m; il faut donc retrancher cette dernière quantité et la somme demandée sera $4b^2 + c - m$. Ce raisonnement qu'on peut appliquer à tout autre exemple démontre la règle que nous venons de donner.

On trouvera de même d'après cette règle que $(2ab - 13b^2 + 2c - 4d^3) + (4b^2 + 3ab + 4d^3 - c) = 2ab - 13b^2 + 2c - 4d^3 + 4b^2 + 3ab + 4d^3 - c = 5ab - 9b^2 + c$ après la réduction des termes semblables.

30. Lorsque les polynômes que l'on doit additionner renferment des termes semblables, il est avantageux de les écrire les uns au-dessous des autres en les ordonnant par rapport à la même lettre; (22.) De cette manière les termes semblables se trouvent dans la même colonne et l'on peut très-facilement faire à la fois l'addition et la réduction; en voici un exemple:

$$8a^3b^4 - 9a^2b^2 + 7a$$
$$-4a^3b^4 - 5a^2b^2 + 3a - 2b$$
$$5a^3b^4 + a^2b^2 - 9a + 2b - 15$$

Somme réduite $\quad 9a^3b^4 - 13a^2b^2 + a - 15$

31. Il est évident qu'en Algèbre le mot Somme n'emporte pas toujours l'idée d'augmentation. On diminue au contraire une quantité au lieu en ajoutant une autre qui est négative; ainsi la somme algébrique de a et de $-b$ est (27) $a-b$; cette somme est évidemment moindre que a, si a et b sont deux quantités positives.

Exercice sur l'addition algébrique.

Effectuer les additions suivantes :

26. $(8a^2 - 3ab^2 + 7a - 3b^3) + (4ab^2 - 3a - 3a^2 + 4c + 3b^3)$

27. $(9a^3 + 5a^2b - 3a - 5b + 8c - 8) + (4a + 7b - 4a^3 + 17 - 6a^2b - 12c) + (3a + 5a - 2b + 3 + 2a^2b)$.

28. $(7a^4b^2 - 3a^3b + 5ab - 8a + 2c) + (-4a^4b^2 + 3a^3b + 7a + 6c) + (3ab - 9a - 8c + 3a^4b^2 + a^3b - 3a^4c^4)$.

29. $(7a^3 - \frac{3}{4}a^2b + 8ab^2 + \frac{1}{2}) + (\frac{7}{8}a^2b + a^3 + 3 - 7ab^2) + (ab^2 - \frac{5}{6} - \frac{1}{4}a^2b - 8a^3)$.

30. $(3a^2 - 2b - \sqrt[3]{c} + \sqrt{m}) + (2b - 3a^2 + \sqrt[3]{c})$.

31. Si actuellement mon âge est b, quelle est l'expression algébrique qui désigne celui que j'aurai dans 8 ans

32. Le chapeau de Pierre coûte a francs, son habit c fr. son manteau $c-d$;

combien coûtent les trois objets ?

34. En désignant par $2m$ ce que coûte le déjeûner d'une personne et par x le prix de chaque dîner on demande d'exprimer la dépense d'une semaine.

35. Ajouter $a - b$ avec $-a + b$.

§ 11. Soustraction.

32. La Soustraction est une opération qui a pour but de retrancher une quantité d'une autre pour en connaître la différence algébrique.

33. Pour faire la Soustraction algébrique, il faut changer tous les signes de la quantité à soustraire et l'écrire à la suite de l'autre ; puis faire la réduction des termes semblables s'il y en a.

34. *Théorie*. Soit à retrancher de a^3 le binôme $b - c$; on aura d'après la règle précédente $a^3 - b + c$. En effet si de a^3 on retranche b il est évident que la différence sera $a^3 - b$; mais ce résultat est trop faible car c'était b diminué de c qu'il fallait retrancher et non pas b tout entier, ainsi on a retranché c de trop, la différence $a^3 - b$ est par conséquent trop faible de la quantité c qu'il faut lui ajouter : Donc la différence cherchée est $a^3 - b + c$.

34 bis. On peut encore donner la démonstration suivante : une soustraction est bonne toutes les fois que la différence ajoutée à la quantité soustraite donne la quantité dont on la retranchée ; ainsi soit $-b$ à soustraire de a^3 d'après la règle (33) on aura pour différence $a^3 + b$. Or si à cette différence on ajoute la quantité à soustraire $-b$ on aura : (28) $a^3 + b - b$, et réduction faite : a^3 ce qui démontre la règle énoncée.

35. Pour faire la soustraction algébrique lorsque les polynômes renferment des termes semblables il est avantageux de les placer les uns au-dessous des autres en les ordonnant par rapport à la même lettre ; de cette manière les termes semblables se trouvant dans la même colonne il est très-facile d'en faire la réduction ; mais

il ne faut pas oublier en écrivant les polynômes à soustraire d'en changer tous les signes. En voici un exemple :

Soit : $(9a^3 + 4a^2b^3 - 5ab^4 + b^5) - (-3a^3 + 5a^2b^3 - 5ab^4 - 2b^5 + c^2)$

en changeant les signes du second polynôme et en l'écrivant au-dessous de l'autre on aura :

$$9a^3 + 4a^2b^3 - 5ab^4 + b^5$$
$$3a^3 - 5a^2b^3 + 5ab^4 + 2b^5 - c^3$$

$$\overline{\hspace{6cm}}$$

réduction et différence $\qquad 12a^3 - a^2b^3 + 3b^5 - c^3.$

36. Nous avons déjà dit (21) de quelle manière on indique la soustraction des polynômes ; mais pour bien comprendre le sens de cette indication il faut se rappeler que le signe — placé devant la parenthèse n'est pas le signe propre du terme qui suit et qu'il affecte tous ceux qui sont renfermés dans la parenthèse.

C'est ainsi que l'expression $(a+b) - (2m-x)$ devient après la soustraction $a+b-2m-x$; de même : $a^2 - (-2m+x)$ donne $a^2 + 2m - x.$

37. Le mot différence a une signification plus étendue en algèbre qu'en arithmétique, il n'emporte pas toujours l'idée de diminution. C'est au contraire augmenter une quantité que de lui en retrancher une autre qui est négative ; ainsi en retranchant $-b$ de a on aura : (33) $a+b$ quantité évidemment plus grande que a si a et b sont deux quantités positives.

38. Toute quantité négative peut être considérée comme le résultat d'une soustraction impossible, c'est-à-dire comme le reste d'une soustraction dans laquelle la quantité à soustraire surpasse celle dont on doit soustraire, par exemple si de a on veut soustraire $a+b$ on aura (33) $a-a-b$ et—

réduction faite : — 6. De même, si de 12 on veut retrancher 15, la soustraction devient impossible ; mais, alors, les algébristes renversent l'opération ; ils retranchent la plus petite quantité de la plus grande et placent le signe — devant le reste, de soit que la valeur absolue d'une quantité négative, telle que — 6 est ce qui manque à la quantité dont on doit soustraire pour que la soustraction soit possible ; ainsi $12 - 15 = -3$. Si une personne possédait 12 francs et qu'elle en dût 15, l'état de sa fortune serait exprimé par — 3 ; ce qui montre qu'il s'en faut de 3 francs que l'avoir soit aussi fort que la dette.

39. Les quantités négatives sont dites en algèbre plus petites que zéro, puisque, comme nous venons de le dire, leur valeur absolue représente ce qui manque à une autre quantité pour qu'une soustraction soit possible. Absolument parlant, il n'y a rien de plus petit que zéro ; mais il est vrai qu'en ajoutant une quantité négative à une autre quantité, on aura un résultat d'addition plus petit que si on ajoutait 0. Car, en ajoutant zéro à la quantité a, par exemple, on aura $a + 0$ ou a, tandis qu'en lui ajoutant — 6 on aura $a - 6$, quantité plus petite que a. Il est donc évident encore que la valeur relative des quantités négatives est d'autant plus petite que leur valeur absolue est plus grande ; ainsi on a $-4 < -3$, de même $-8 < -7$.

Exercices sur la soustraction algébrique.

Effectuer les soustractions suivantes :

36. $(12a^4b - 3a^3b^2 + 4ab^3 + 2b^4 - 7) - (5a^4b - 4a^3b^2 + ab^3 + 2b^4 - 2c - 8)$.

37. $(2a^3b^4 - 3ab^3 + 5ab^2 - 4b - 5ac^2 + 3ab^2c - 7bc^3) - (3a^3b^4 + 2ab^2 - 7ab^2 - 4b + 3ab^2c - 8bc^3)$

38. $(12a^5 - 4a^4b^3 - 7a^3b^4 + 18a^2b) - (-9ab^4 + 17b^5 - 4b^2c + 8bc^2) - \ldots$
$(4a^3b^2 + 13a^2b - 4a^4b^3 + 7a^5 + 17b^5 - 5bc^3 - 9ab^2 - 4b^2c)$

39. $\left(4x^3 - \dfrac{5x^2}{8} + \dfrac{x}{3} + 5\right) - \left(-x^3 - \dfrac{3x^2}{4} - \dfrac{5x}{6} + 2\right)$

40. Prouver que l'expression $7a^3b - 4a^2b^3 - 5a + 2b - 8$ est égale à l'expression $7a^3b - (4a^2b^3 + 5a - 2b + 8)$ ou bien encore à l'expression $(7a^3b - 4a^2b^3 - 5a) - (-2b + 8)$.

41. Une personne avait a francs, elle a dépensé b et donné c francs aux pauvres ; exprimer ce qui lui reste.

42. La somme de deux nombres est S, le plus grand des deux est x ; exprimer le plus petit.

43. L'âge d'une personne est exprimé par $m + x$; quel était son âge il y a 20 ans ?

44. Exprimer la différence qu'il y a entre le double du carré de a et la racine cubique de m.

45. Un père partage son bien, exprimé par x, entre ses trois enfants : le premier doit avoir a, le second deux fois plus, quelle est la portion du troisième ?

46. J'ai fait à la même personne cinq emprunts de chacun a francs ; je lui ai fait trois paiements de chacun x francs ; exprimer ce que je lui dois encore.

§ 3. Multiplication.

40. En considérant les lettres comme représentant des valeurs numériques, on peut dire que la multiplication algébrique, comme la multiplication arithmétique, est une opération qui a pour but de trouver un produit qui soit composé avec le multiplicande, comme le multiplicateur est composé avec l'unité.

Multiplication des monômes.

41. Pour faire la multiplication des monômes il faut observer 4 règles : la règle des lettres, celle des exposants, celle des coefficients et celle des signes.

1° Règle des lettres. Lorsque les facteurs monômes ont des lettres différentes, il faut écrire au produit toutes ces lettres les unes à la suite des autres; ainsi $ab \times m \, x$ donne au produit $abmx$. C'est une règle de convention dont nous avons déjà parlé (9). Comme il a été prouvé en arithmétique qu'on peut intervertir l'ordre des facteurs d'un produit sans changer le produit, on écrit ordinairement les lettres dans l'ordre alphabétique; ainsi $ab \times xcm = abcmx$.

2° Règle des exposants. Lorsqu'une même lettre se trouve à la fois dans les divers facteurs, on ne l'écrit qu'une fois au produit, mais on lui donne un exposant égal à la somme de ceux dont elle est affectée dans les divers facteurs; ainsi $a^3 b^2 c \times a^2 b c^2 = a^5 b^3 c^3$.

En effet, le multiplicande $a^3 b^2 c = aaabbc$ et le multiplicateur $a^2 b c^2 = aabcc$; de sorte que le produit de ces deux quantités serait, d'après ce que nous avons vu (9) $aaabbc\,aabcc$, ou, en intervertissant l'ordre des facteurs $aaaaabbbccc$, or, d'après la signification de l'exposant (7), ce dernier produit égale $a^5 b^3 c^3$.

3° Règle des coefficients. On obtient le coefficient du produit en multipliant entr'eux les coefficients des facteurs monômes; ainsi $5a \times 7b = 35ab$.

En effet, $5a \times 7b$ revient à $5 \times a \times 7 \times b$, ou, en changeant l'ordre des facteurs : $5 \times 7 \times a \times b$, ou en effectuant les opérations $35ab$, ce qui démontre la règle énoncée.

4°. Règle des signes. Lorsque le multiplicateur est positif, le produit doit avoir le même signe que le multiplicande ; Lorsque le multiplicateur est négatif, le produit doit avoir un signe contraire à celui du multiplicande ; ainsi

Pour le 1ᵉʳ cas

$$+a \qquad -a$$
$$+b \qquad +b$$
$$\overline{}$$
produit $+ab$ produit $-ab$

Pour le 2ᵉ cas

$$+a \qquad -a$$
$$-b \qquad -b$$
$$\overline{}$$
produit $-ab$ produit $+ab$

Théorie. 1ᵉʳ cas. Multiplier $+a$ par $+b$ c'est répéter $+a$ autant de fois que l'indique le multiplicateur $+b$, c'est donc prendre $+a$ b fois, ce qui donne $+ab$.

De même multiplier $-a$ par $+b$ c'est répéter la quantité négative $-a$ autant de fois que l'indique le multiplicateur $+b$; c'est donc prendre $-a$ b fois, ce qui donne $-ab$.

2ᵉ cas. Le multiplicateur $-b$ ayant le signe de la soustraction, indique premièrement qu'il faut soustraire le multiplicande, et en second lieu qu'il faut le soustraire autant de fois qu'il y a d'unités dans b ; ainsi $+a \times -b$ indique que a doit être soustrait, ce qui donne $-a$ (33) et qu'il doit être soustrait b fois, ce qui donne $-ab$.

Enfin, pour la même raison, $-a \times -b$ indique d'abord que $-a$ doit être soustrait, ce qui donne $+a$ (33), et ensuite qu'il doit être soustrait autant de fois qu'il y a d'unités dans b, ce qui donne $+ab$.

Les raisonnements que nous venons de faire démontrent la règle des signes telle que nous l'avons donnée. Cette règle s'énonce encore de la manière suivante : Lorsque les deux facteurs ont le même signe, le produit doit avoir

Le signe +, lorsque les deux facteurs sont de signes contraires, le produit prend le signe — .

On dit encore que $+ \times + = +$

$$- \times - = +$$
$$+ \times - = -$$
$$- \times + = -$$

Multiplication des polynômes.

42. On démontre en arithmétique que, pour faire la multiplication de deux nombres composés de plusieurs chiffres, il faut d'abord multiplier le multiplicande par chaque chiffre du multiplicateur et ensuite additionner les produits partiels pour en former le produit total. — De même en algèbre il faut multiplier chaque terme du polynôme multiplicande par chaque terme du polynôme multiplicateur et former ensuite le produit total de la somme des différents produits partiels. Ainsi la multiplication des polynômes se réduisant à une multiplication successive de monômes, on peut établir la règle suivante :

Règle. — Pour faire le produit d'un polynôme par un autre, il faut multiplier successivement tous les termes du multiplicande par chaque terme du multiplicateur, en observant à chaque multiplication partielle les règles des signes, des coefficients, des exposants et des lettres ; ensuite on effectue la réduction des termes semblables, s'il y en a.

43. Pour faciliter la multiplication des polynômes, rendre plus aisées l'addition des produits partiels et la réduction des termes semblables, on a coutume d'ordonner (22) les deux polynômes par rapport à la même lettre et d'écrire les uns sous les autres, dans la même colonne, les termes susceptibles d'être réduits. De cette manière le produit est aussi ordonné par rapport à la même lettre.

Soit à effectuer la multiplication suivante dont les deux facteurs sont ordonnés par rapport à la lettre a —

$$\text{Multiplicande} \quad \ldots \quad 3a^3 - 4a^2b + 3ab^2 - b^3$$
$$\text{Multiplicateur} \quad \ldots \quad 4a^2 + 3ab - b^2$$

$$\text{1}^{er}\text{ produit} \quad \ldots \quad 12a^5 - 16a^4b + 12a^3b^2 - 4a^2b^3$$
$$\text{2}^e\text{ produit} \quad \ldots \quad 9a^4b - 12a^3b^2 + 9a^2b^3 - 3ab^4$$
$$\text{3}^e\text{ produit} \quad \ldots \quad -3a^3b^2 + 4a^2b^3 - 3ab^4 + b^5$$

$$\text{Produit total réduit} \quad \ldots \quad 12a^5 - 7a^4b - 3a^3b^2 + 9a^2b^3 - 6ab^4 + b^5$$

44. Parmi les différents termes du produit de deux polynômes, il y en a toujours au moins deux qui ne peuvent pas subir de réduction —

En effet, en multipliant le terme du multiplicande, qui a le plus haut exposant de la lettre principale, par le terme du multiplicateur où cette lettre se trouve aussi à son exposant le plus élevé, on obtient évidemment un terme qui n'a pas de semblable, puisque l'exposant de la lettre principale s'y trouve plus fort que dans les autres termes.

Par une raison analogue le monôme provenant du terme du multiplicande et du terme du multiplicateur, qui ne contiennent pas la lettre principale ou qui la contiennent à sa puissance la moins élevée, est encore un terme qui n'a pas de semblable et qui, par conséquent, ne peut subir de réduction.

Cette remarque importante, qui sert de base à la théorie de la division, nous démontre 1º que le produit de deux polynômes ne peut jamais se réduire à un monôme, car ce produit contiendra toujours au moins deux termes ; 2°. qu'en multipliant deux polynômes ordonnés par rapport à la même lettre, on obtient un produit total dont le premier et le dernier terme proviennent sans réduction, l'un du premier terme du multiplicande par le premier terme du multiplicateur, et l'autre du dernier terme du multiplicande par le dernier du multiplicateur — Tels sont dans la multiplication du n°. précédent les deux termes $12a^5$ et b^5.

45. Un polynôme dont tous les termes contiennent des facteurs communs, peut toujours se décomposer en deux parties, dont l'une sera formée de tous les facteurs communs et l'autre des facteurs différents ; ainsi le polynôme $3a^2b - 6a^3c + 15a^2b^3$ revient à . . . . . . $3a^2(b - 2ac + 5b^3)$

de même le polynôme . . $7a^3b + 8a^3 - a^3b^2c = a^3(7b + 8 - b^2c)$

car, en effectuant la multiplication indiquée, on reproduira le premier polynôme — Il faut bien prendre garde de ne pas négliger le coefficient 1, lorsqu'il est sous-entendu ; ainsi le polynôme $a + ab - 2ab^3c$

devient . . . . . $a(1 + b - 2b^3c)$

Cette décomposition des polynômes est d'un usage fréquent ; l'effectuer, c'est ce qu'on nomme en algèbre : mettre en facteur commun.

46. En réfléchissant sur la manière dont se font les opérations algébriques, on voit que les quantités littérales ne disparaissent pas dans les résultats, comme en arithmétique ; on peut donc les suivre dans les différentes transformations qu'elles subissent, connaître de quelle manière elles concourent à la formation de ces résultats, et par là découvrir certaines propriétés générales des nombres. Ainsi les trois multiplications suivantes servent à démontrer trois propriétés dont l'application est très fréquente en mathématiques.

$$\begin{array}{ll}
\text{I} & a+b \\
 & a+b \\
\hline
 & a^2+ab \\
 & +ab+b^2 \\
\hline
\end{array}
\qquad
\begin{array}{ll}
\text{II} & a-b \\
 & a-b \\
\hline
 & a^2-ab \\
 & -ab+b^2 \\
\hline
\end{array}$$

$$\text{produit ou } (a+b)^2 = a^2+2ab+b^2 \qquad \text{produit ou } (a-b)^2 = a^2-2ab+b^2$$

Comme a et b peuvent représenter des quantités quelconques, le premier résultat nous démontre que le carré de la somme de deux quantités contient le carré de la première quantité, plus deux fois le produit de la première par la seconde, plus le carré de la seconde.

Le second résultat fait voir que le carré de la différence de deux quantités contient le carré de la première, moins deux fois le produit de la première par la seconde, plus le carré de la seconde.

Les deux résultats précédents nous apprennent encore que le carré d'un binôme est toujours un trinôme dont le premier terme (a^2) et le dernier (b^2) sont les carrés respectifs des deux termes du binôme proposé et prenant toujours le signe $+$ et dont le second ($2ab$ ou $-2ab$), contenant le double produit du premier terme par le second, est positif si les deux termes du binôme sont de même signe, négatif, s'ils sont de signes contraires.

Proposons-nous encore de multiplier la somme de deux quantités $a+b$ par leur différence $a-b$.

$$\begin{array}{ll}
\text{III} & a+b \\
 & a-b \\
\hline
 & a^2+ab \\
 & -ab-b^2 \\
\hline
\end{array}$$

$$\text{produit après réduction} \ldots \ldots a^2-b^2$$

Ce dernier résultat nous démontre qu'en multipliant la somme de deux quantités par leur différence, on obtient un produit qui est égal à la différence des carrés de ces quantités.

Réciproquement, la différence de deux carrés pourra toujours se décomposer en deux facteurs, dont l'un exprimera la somme, l'autre la différence des deux racines; ainsi $c^2 - d^2 = (c+d)(c-d)$.

Exercices sur la multiplication algébrique.

Effectuer les opérations suivantes :

47 $(a^3 - 2ab + 3ab^2 + b^3)(4a^2 - 3ab - 4b^2)$

48 $(4a^3 - 5a^2b - 8ab^2 + 2b^3)(2a^2 - 3ab - 4b^2)$

49 $(7a^3b - 6a^2b^2c - 8ab^3c^2 + 5b^4c^3)(3a^2b^2c - 5ab^3c^2 - b^4c^3)$

50 $(2a^3 + a^2b + 3ab^2 + b^3)(a-b)$

51 $(a^4 + a^3 + a^2 + a)(a-1)$

52 $\left(\dfrac{3a^3}{4} + \dfrac{a^2b}{2} - ab^2\right)\left(\dfrac{2a^2}{3} - ab\right)$

53 $(2y^2 - 4y + 3)(y+5)(3y^2 - 5y - 7) + (y+8)(4y^2 - y - 1)$

54 $(2y^2 + xy - x^2)(y^2 + 2xy - x^2) - (y^2 + 3xy - 2x^2)(y^2 - x^2)$

55 Quelle est la valeur de x dans la formule $x = a + (u-i)R$ en supposant que . . . $a = 3$, $u = 8$, $R = 2$.

56. Dans l'expression $x = (a^2 + ab + b^2)(a-b)$, quelle est la valeur de x, en supposant $a = 12$ et $b = 11$ -

57 Quelle est la valeur de x dans l'expression : $x = (4a^2 + c^2 - 4ac)m^2$, en supposant $a = 5$, $c = 12$, $m = {}^3\!/_4$ -

58 Mettre en facteur commun le polynôme $14a^3b^2 - 7ab^3 + 21a^2b^4 - 28ab^2c$ -

59 Décomposer en deux facteurs le binôme $a^4b^2 - a^2b^2$ -

60 Mettre en facteur commun le trinôme $4a^3b - 2ab + 8ab^2c$ -

61 Mettre en facteur commun le polynôme $9a^2cx^2 + 12a^3c^2 + 3a^2c - 15a^4c^3x$ -

62 Quel est le produit de p^m par p^n ; celui de a^x par a^z -

63. Quel est le binôme qui, multiplié une fois par lui-même, a donné le trinôme $y^2 - 2yz + z^2$?

64. Quelle est la racine carrée du trinôme $a^2 + 8a + 16$?

65. On demande la racine carrée du trinôme $b^2 + 2bm + m^2$.

66. Compléter le binôme $c^2 + 2cy$ pour en faire un trinôme qui soit un carré.

67. Compléter de deux manières différentes le binôme $p^2 + q^2$ pour en faire un trinôme qui soit un carré.

68. Les deux premiers termes du carré d'un binôme sont $x^2 - \dfrac{6x}{5}$, quel est le troisième ?

69. En représentant par n un nombre entier quelconque et par $n+1$ un nombre qui a une unité de plus, trouver la différence qu'il y a entre les carrés de deux nombres entiers consécutifs.

70. Appliquer la propriété démontrée par le problème précédent aux carrés de 25 et de 26.

71. Quels sont les deux facteurs du produit $m^2 - n^2$?

72. Décomposer $4x^2 - 4y^2$ en deux facteurs binômes.

73. Décomposer $81 - 25$ en deux facteurs binômes numériques.

23

§ IV. Division.

47. La division algébrique comme la division arithmétique est une opération par laquelle, connaissant un produit et l'un de ses facteurs, on détermine l'autre facteur. Donc, pour trouver le quotient, il suffit de chercher la quantité qui, multipliant le diviseur, reproduira le dividende ; ainsi, la théorie et la pratique de la division algébrique ne sont qu'une conséquence des règles établies pour la multiplication.

Division des monômes.

48. Soit $18\,a^5 b^3 c^4$ à diviser par $6\,a^2 b^3$, le quotient sera $3\,a^3 c^4$; ainsi

$$\frac{18\,a^5 b^3 c^4}{6\,a^2 b^3} = 3\,a^3 c^4.$$

Théorie. En effet, d'après la définition de la division, le coefficient du quotient doit être tel que, multiplié par celui du diviseur, il reproduise 18 celui du dividende ; on obtiendra donc le coefficient du quotient en divisant 18 par 3.

L'exposant de la lettre a dans le quotient doit être tel qu'ajouté à 2 exposant de a dans le diviseur, il donne 5 exposant de a dans le dividende. L'exposant de la lettre a dans le quotient sera donc $5-2$ ou 3.

Comme la lettre b^3 se trouve dans l'un des facteurs, telle qu'elle est au produit, il est évident qu'elle ne peut pas être dans l'autre facteur ou le quotient.

Pour la lettre c^4, qui est dans le produit ou dividende et ne se trouve pas dans le facteur diviseur, elle doit être écrite telle quelle au quotient. Ainsi $18\,a^5 b^3 c^4 : 6\,a^2 b^3 = 3\,a^3 c^4$. En effet, le diviseur multiplié par le quotient reproduira le dividende.

La démonstration que nous venons de donner conduit à la règle suivante :

Pour diviser deux monômes l'un par l'autre il faut 1° diviser le coefficient du dividende par celui du diviseur ; c'est la règle des coefficients ; 2° placer à la suite du coefficient chaque lettre commune au dividende et au diviseur, en lui donnant un exposant égal à l'excès de l'exposant du dividende sur celui du diviseur, c'est la règle des exposants; 3°. écrire au quotient telle quelle toute lettre qui n'est pas au diviseur, et enfin omettre au quotient toute lettre qui a dans le dividende le même exposant que dans le diviseur, c'est la règle des lettres.

49. *Règle des signes.* = Quant à la règle des signes elle est évidemment la même que celle de la multiplication, car le signe du quotient doit être tel que, multiplié par celui du diviseur, il donne celui du dividende, donc :

$$+ \text{ divisé par } + = +$$
$$- \text{ divisé par } - = +$$
$$+ \text{ divisé par } - = -$$
$$- \text{ divisé par } + = -$$

Ainsi $+ b^4 : + b^3 = + b \;;\; \text{car} + b^3 \times + b = + b^4$

$\quad - b^4 : - b^3 = + b \;;\; \text{car} - b^3 \times + b = - b^4$

$\quad + b^4 : - b^3 = - b \;;\; \text{car} - b^3 \times - b = + b^4$

$\quad - b^4 : + b^3 = - b \;;\; \text{car} + b^3 \times - b = - b^4$

Donc, encore, toutes les fois que le dividende et le diviseur ont le même signe, le quotient doit prendre le signe $+$ et dans le cas contraire le signe $-$.

50. Il suit des règles précédentes que la division algébrique des monômes est impossible : 1°. Si le coefficient du dividende n'est pas divisible par celui du diviseur; 2°. quand une lettre commune aux deux termes est affectée dans le diviseur d'un exposant plus fort que dans le dividende; 3°. quand le diviseur contient une ou plusieurs lettres qui ne se trouvent pas dans le dividende. — Dès qu'une ou plusieurs de ces trois circonstances se rencontrent, le quotient ne peut être qu'une expression fractionnaire que l'on forme en faisant du dividende le numérateur d'une fraction dont le diviseur devient le dénominateur; ainsi

$$5 a^2 b c^2 : 12 a^3 b m^2 = \frac{5 a^2 b c^2}{12 a^3 b m^2}$$

51. Un monôme fractionnaire, indiquant une division impossible, renferme souvent des facteurs communs aux deux termes; alors on le simplifie, et pour cela il faut 1°. Supprimer les facteurs communs aux deux coefficients; 2°. Supprimer aussi les lettres

communes aux deux termes et qui ont le même exposant - Lorsque l'exposant n'est pas la même on retranche le plus petit du plus grand et l'on écrit la lettre affectée de cette différence d'exposants dans celui des deux termes seulement où l'exposant était le plus fort - 3° Laisser telles qu'elles sont les lettres qui ne sont pas communes - On voit que cette simplification n'altère pas la valeur de l'expression fractionnaire, puisqu'on divise le numérateur et le dénominateur par la même quantité - Ainsi, d'après cette règle

$$\frac{12\,a^3 b^2 c^4 g}{15\,a^2 b^5 c^8 g m} = \frac{4a}{5\,b^3 c^4 m}$$; car les deux termes se divisent par 3, par

a^2, par b^2, par c^4 et par g.

de même $$\frac{6\,a^3 b^3 c^4 g g}{18\,a^4 b^3 c^3 f} = \frac{cg}{3a} \quad \text{et} \quad \frac{4\,a^2 b^4 c^2}{8\,a^3 b^4 c^3 m} = \frac{1}{2\,a c m}$$.

Dans ce dernier exemple comme tous les facteurs du dividende se trouvent dans le diviseur, qui en contient encore d'autres qui lui sont particuliers, le numérateur se réduit à l'unité, car la simplification revient à diviser les deux termes par le numérateur; or, toute quantité divisée par elle-même donne 1 au quotient

Division des polynômes.

Pour mettre plus de clarté dans les raisonnements qu'exige la division d'un polynôme par un autre polynôme, nous les appliquerons à l'exemple suivant :

Soit . . . $2\,a^2 b^2 - 10\,b^4 + 12\,a^4 + 23\,a b^3 - 7\,a^3 b$

à diviser par $3\,a b - 2\,b^2 + 4\,a^2$

Pour rendre l'opération plus facile ordonnons les deux polynômes par rapport aux puissances décroissantes de la même lettre, de la lettre a, par exemple, et disposons les deux polynômes comme pour une division arithmétique.

$$\begin{array}{l|l}
\text{Dividende: } 12a^4 - 7a^3b + 2a^3b^2 + 23ab^2 - 10b^4 & 4a^2 + 3ab - 2b^2 \quad \text{diviseur} \\
\qquad\qquad -12a^4 - 9a^3b + 6a^2b^2 & 3a^2 - 4ab + 5b^2 \quad \text{quotient} \\
1^{er}\text{ reste}\ldots\quad -16a^3b + 8a^2b^2 + 23ab^3 - 10b^4 & \\
\qquad\qquad\quad +16a^3b + 12a^2b^2 - 8ab^3 & \\
2^e\text{ reste}\ldots\quad\quad +20a^2b^2 + 15ab^3 - 10b^4 & \\
\qquad\qquad\quad -20a^2b^2 - 15ab^3 + 10b^4 &
\end{array}$$

Il résulte des règles données pour la multiplication des polynômes que le dividende est la somme des produits de tous les termes du diviseur par chaque terme du quotient; mais la plupart de ces produits partiels se trouvent maintenant confondus à cause de la réduction des termes semblables. — Cependant, les deux polynômes étant ordonnés par rapport à la même lettre, il est clair, d'après ce que nous avons vu (44) que le premier terme $12a^4$ du dividende n'a pu subir de réduction, qu'il est tel que la multiplication l'a donné et qu'il provient du 1er terme $4a^2$ du diviseur multiplié par le terme du quotient où la lettre a est affectée du plus haut exposant; Donc, en divisant $12a^4$ par $4a^2$, on est sûr d'obtenir le 1er terme du quotient: ce terme est $3a^2$, auquel il faut donner le signe $+$ d'après la règle des signes démontrée plus haut (49). Si l'on multiplie par ce terme tout le diviseur et qu'on retranche le produit du dividende total, le reste ne contiendra plus que les produits du diviseur par les autres termes du quotient et devra être regardé comme un second dividende. (Pour faire cette soustraction il suffit d'écrire sous le dividende le produit obtenu, en donnant aux termes des signes contraires à ceux qu'ils auraient d'après les règles de la multiplication et de faire ensuite la réduction.) On obtient de la sorte pour premier reste et nouveau dividende: $-16a^3b + 8a^2b^2 + 23ab^3 - 10b^4$. Dans le 1er terme de ce reste ordonné a est affecté du plus haut exposant; il provient donc (44) de la multiplication du premier terme du diviseur par le second du quotient; donc, en divisant le premier terme de ce nouveau dividende par le premier du diviseur, on aura le second terme du quotient; ce terme est $-4ab$; en multipliant comme précédemment tout le diviseur par ce terme et retranchant le produit du second dividende, on aura un nouveau reste qui sera le troisième dividende. Si l'on reproduit à son égard les raisonnements faits sur les autres deux dividendes, on est conduit à diviser le premier terme $20 a^2 b^2$ de ce reste par le premier terme du diviseur et l'on a $5 b^2$ pour troisième terme du quotient. La multiplication et la soustraction faites, on trouve zéro pour reste, ce qui indique que le quotient n'a que trois termes; s'il avait dû en avoir un plus grand nombre, on aurait obtenu encore un reste, qu'il aurait fallu traiter comme les précédents.

Concluons de tous ces raisonnements que, pour diviser un polynôme par un autre, on les ordonne tous les deux par rapport à la même lettre, ensuite on divise le premier terme du dividende par le premier terme du diviseur, ce qui donne le premier terme du quotient; on multiplie tout le diviseur par ce terme, on retranche le produit du dividende et on obtient un reste qui, ordinairement, est ordonné comme les polynômes proposés; s'il ne l'était pas, on l'ordonnerait de la même manière. On divise le premier terme de ce reste ordonné par le premier terme du diviseur, ce qui donne le second terme du quotient; on multiplie encore le diviseur par ce terme, on retranche le produit du reste précédent, ce qui donne un troisième dividende partiel, sur lequel on opère comme sur le précédent, et ainsi de suite. — Il ne faut pas oublier d'observer à chaque division partielle les quatre règles de la division des monômes, expliquées plus haut. (48 et 49.)

Remarque. 1º. – Il est évident que c'est seulement pour faciliter l'opération que l'on ordonne les polynômes, car quelle que fût la place du terme du dividende affecté du plus haut exposant d'une lettre et du terme du diviseur affecté du plus haut exposant de la même lettre, on aurait toujours le quotient en divisant ces deux termes l'un par l'autre.

Remarque. 2º. – Il est évident encore qu'au lieu d'ordonner les polynômes par rapport aux puissances décroissantes, on pourrait les ordonner par rapport aux puissances croissantes de la même lettre.

53. Il arrive assez souvent que la multiplication du diviseur, par un ou plusieurs termes du quotient, donne des termes qui ne se trouvent pas dans le dividende proposé, ce sont ceux qui, dans la multiplication primitive, se sont détruits par l'effet de la réduction. Par exemple, en multipliant :

$$a - b$$

par
$$a^2 + ab + b^2$$

On forme les trois produits partiels :
$$a^3 - a^2 b$$
$$+ a^2 b - ab^2$$
$$+ ab^2 - b^3$$

dont la réduction donne : $a^3 - b^3$

résultat dans lequel quatre termes semblables deux à deux ont disparu.

Il est évident que, si l'on divise le produit $a^3 - b^3$ par l'un des facteurs $a - b$, les multiplications successives du diviseur par chaque terme du quotient feront reparaître tous les produits partiels

$$
\begin{array}{r|l}
a^3 - b^3 & a - b \\
- a^3 + a^2 b & a^2 + ab + b^2 \\
\end{array}
$$

1ᵉʳ reste
$$a^2 b - b^3$$
$$- a^2 b + ab^2$$

2ᵉ reste
$$ab^2 - b^3$$
$$- ab^2 + b^3$$
$$\qquad 0 \qquad 0$$

54. La division est impossible, c'est-à-dire le quotient ne peut être une expression entière, lorsque dans la suite de l'opération on arrive à un reste ordonné dont le premier terme n'est pas divisible par le premier terme du diviseur. Alors, pour compléter le quotient déjà trouvé, on écrit à sa droite une fraction ayant ce reste pour numérateur et le diviseur pour dénominateur, comme dans l'exemple suivant :

$$
\begin{array}{l|l}
6a^4b + 5a^2b^2 + 4b^3 & 2a^2b + b^2 \\
\;-\,6a^4b - 3a^2b^2 & 3a^2 + b + \dfrac{3b^4}{2a^2b + b^2} \\
\end{array}
$$

1ᵉʳ reste . . . . . $2a^2b^2 + 4b^3$

$\qquad\qquad -\,2a^2b^2 - b^4$

2ᵉ reste . . . . . . $+3b^4$

55. Il arrive quelquefois que l'un des polynômes proposés ou tous les deux renferment plusieurs termes affectés de la même puissance de la lettre par rapport à laquelle on ordonne; dans ce cas on rend la division plus facile en écrivant ces termes dans une colonne verticale et en les ordonnant par rapport à une seconde lettre, on les ordonnerait même par rapport à une troisième lettre, si plusieurs termes d'une colonne renfermaient un même exposant de la seconde lettre. En voici un exemple :

$$
\begin{array}{l|l}
+\,24a^3b^2 + 46a^2b^3 + 20ab^4 & +\,4a^2b + 5ab^2 \\
-\,18a^3bc - 62a^2b^2c - 12ab^2c^2 & -\,3a^2c - 3ac^2 \\
+\,30a^3c^2 - 18a^2bc^2 & +\,6ab - 10ac + 4b^2 \\
\qquad\qquad +\,30a^2c^3 & \\
\end{array}
$$

$$-\,24a^3b^2 - 30a^2b^3$$
$$+\,18a^3bc + 18a^2bc^2$$

1ᵉʳ reste. $-\,40a^3bc + 16a^2b^3 + 20ab^4$

$\qquad +\,30a^3c^2 - 62a^2b^2c - 12ab^2c^2$

$\qquad\qquad +\,30a^2c^3$

$$+\,40a^3bc + 50a^2b^2c$$
$$-\,30a^3c^2 - 30a^2c^3$$

2ᵉ reste . . . . . $+\,16a^2b^3 + 20ab^4$

$\qquad\qquad -\,12a^2b^2c - 12ab^2c^2$

$\qquad\qquad -\,16a^2b^3 - 20ab^4$

$\qquad\qquad +\,12a^2b^2c + 12ab^2c^2$

3ᵉ reste   0   0

56. Pour diviser un polynôme par un monôme, il faut diviser chaque terme du dividende par le monôme diviseur, en observant les règles que nous avons données. — Ainsi $12a^3b^2c + 9a^2b^3 - 15ab^3c$ divisé par $3ab^2$ donne au quotient : $4a^2c + 3ab - 5bc$.

57. La division d'un monôme par un polynôme est toujours impossible. Il est évident, en effet, d'après ce que nous avons dit (44), qu'il n'existe pas d'expression entière qui, multipliant le diviseur qui est un polynôme, puisse donner le dividende qui est un monôme.

De l'exposant zéro et de l'exposant négatif.

Dans la division algébrique on pourrait convenir d'appliquer la règle des exposants (48) au cas où il y a égalité entre les exposants d'une lettre commune au dividende et au diviseur, et aussi au cas où cette lettre aurait dans le diviseur un exposant plus fort que dans le dividende ; alors on arriverait à une nouvelle notation, qu'il est important d'expliquer.

58. 1º Exposant zéro. — Toute lettre affectée de l'exposant zéro est égale à l'unité. Ainsi $a^0 = 1$; de même $3a^0b^0 = 3 \times 1 \times 1 = 3$.

En effet, soit a^3 à diviser par a^3 ou $\frac{a^3}{a^3}$. Nous avons dit (48) que l'exposant du quotient s'obtient en retranchant l'exposant du diviseur de celui du dividende ; ainsi $\frac{a^8}{a^6} = a^2$. En général $\frac{a^m}{a^n} = a^{m-n}$; donc $\frac{a^3}{a^3} = a^{3-3} = a^0$; mais $\frac{a^3}{a^3}$ et en général $\frac{a^m}{a^m}$ indique le quotient d'une quantité divisée par elle-même ; or, ce quotient est toujours égal à l'unité, donc $a^0 = 1$; donc toute lettre affectée de l'exposant zéro est égale à l'unité.

Cette notation a^0 peut servir à conserver la trace d'une lettre qui entrait dans l'énoncé d'une question et qui disparaîtrait par l'effet de la division ; on pourrait donc l'employer dans le cas où il serait nécessaire de conserver cette trace.

59. 2.: *Exposant négatif.* = Toute lettre affectée d'un exposant négatif est égale à une fraction ayant pour numérateur l'unité et pour dénominateur cette même lettre affectée du même exposant pris avec le signe $+$.

Ainsi $a^{-2} = \dfrac{1}{a^2}$ et en général $a^{-n} = \dfrac{1}{a^n}$.

En effet, soit $\dfrac{a^3}{a^5}$; si on applique à cette division la règle des exposants (48) on aura $\dfrac{a^3}{a^5} = a^{3-5} = a^{-2}$; mais le monôme fractionnaire $\dfrac{a^3}{a^5}$ peut être réduit à sa plus simple expression en divisant ses deux termes par le facteur commun a^2 (51); on aura alors $\dfrac{a^3}{a^5} = \dfrac{1}{a^2}$ - Donc $\dfrac{a^3}{a^5} = a^{3-5} = a^{-2} = \dfrac{1}{a^2}$, et en général $a^{-n} = \dfrac{1}{a^n}$ - Donc, enfin, toute lettre affectée d'un exposant négatif est égale à une fraction ayant l'unité pour numérateur et pour dénominateur, cette même lettre affectée du même exposant pris avec le signe $+$.

Exercices sur la division algébrique . . .

Effectuer les divisions suivantes :

74. $16a^3b^2c^4m^3x : 8ab^2c^3m$

75. $75a^4b^3d^2m^5x^3y : -25a^3bd\,m^4y$

76. $28a^5bc^2d^3pq^2 : +7a^3c^2dpq$

77. $47a^4b^2c^2d^3m^4x^2 : -7abc^2dm^4$

Simplifier les monômes fractionnaires qui résultent des divisions suivantes :

78. $12a^4b^2c^3d^4m^2x : 15a^5bc^3d^4m^3x^2y$

79. $9a^2b^4c^4dm^3y^2 : 18a^7b^5c^4d^2mx$

80. $7a^4b^4c^4d^4m^4x^4 : 5a^4b^2c^6d^5my^2$

81. $8a^2b^2c^2d^3m^3p^2 : 24a^3b^3c^3d^3mp$

82. $5a^3b^4c^2g^3x : 10a^4b^4c^3g^4x^2y$

Effectuer les divisions suivantes :

83. $(12a^5b^2 - 4a^3b^4 - 22a^6b + 8a^2b^5 + 5a^7 - 6a^4b^3) : (5a^4 + 4a^2b^2 - 2a^3b)$

84. $(9a^2b^3 + 2a^4b + b^5 + 8a^5 - 15a^3b^2 - 5ab^4) : (2ab^2 - 5a^2b - b^3 + 4a^3)$

85. $(a^5 - b^5) : (a - b)$

86. $(21x^3y^2 + 25x^2y^3 + 68xy^4 - 40y^5 - 56a^5 - 18x^4y) : (5y^2 - 8x^2 - 6xy)$

87. $(a^6 - 2a^3x^3 + x^6) : (a^2 - ax + x^2)$

88. $(20a^3 + 22a^2b - 30a^2c + 30bc^2 - 38abc - 10b^2c + 6ab^2) : (2a + b - 3c)$

89. $(3b^2c^4 - 3a^2c^4 - 3a^6 + 6a^4c^2 + 6b^4c^2 + 3b^6 + 3a^2b^4 - 3a^4b^2) : (a^2 + b^2 - c^2)$

90. $(14a^3b^4c^2 - 21a^2b^3c^4m - 49ab^5c^3m^2 + 28b^3c^3m^3) : (7ab^2c^2)$

91. À quoi sont équivalentes les expressions m^0, $3a^0c^0$, $m^0x^0y^0$?

92. À quoi se réduit l'expression $\dfrac{4^0 - p^0 + a}{4}$?

93. Quelle est la valeur numérique de l'expression $\dfrac{2a^0 + b^0 + c^2}{12}$, en supposant $c = 3$?

94. Quelle est la valeur de b^{-3} en supposant $b = 2$?

Chapitre III.

Fractions algébriques.

60. On donne le nom de *fraction algébrique* ou *fraction littérale* à toute expression indiquant une division entre deux monômes ou polynômes, soit que l'on puisse effectuer l'opération, soit qu'on ne le puisse pas. — Telles sont les expressions :

$$\frac{a}{b} \qquad \frac{a^4 - b^4}{b^5 + x} \qquad \frac{a^5 + a^2 b^2}{a^2} \qquad \frac{4 x^2}{x - 2y}$$

61. Les propriétés des fractions littérales sont les mêmes que celles des fractions numériques. — Le dénominateur indique en combien de parties égales l'unité est divisée, et le numérateur combien l'on prend de ces parties. Par conséquent, en suivant les règles établies précédemment pour le calcul des quantités algébriques, on fera sur les fractions littérales les mêmes opérations que sur les fractions arithmétiques.

62. On peut multiplier ou diviser les deux termes d'une fraction littérale par une même quantité sans altérer la valeur de cette fraction.

1°. En effet, représentons par q le quotient, quel qu'il soit, ou la valeur de la fraction $\frac{a}{b}$, on aura $\frac{a}{b} = q$; or, le dividende a est égal au diviseur b multiplié par le quotient q, on a donc $a = bq$. En multipliant par la même quantité m ces deux quantités égales, l'égalité ne sera pas détruite et l'on aura

$$am = bmq \quad \text{ou} \quad am = bm \times q$$

d'où l'on tire en divisant par bm

$$\frac{am}{bm} = q$$

nous avions déjà

$$\frac{a}{b} = q$$

donc

$$\frac{am}{bm} = \frac{a}{b} \qquad \text{ce qu'il fallait démontrer.}$$

2°. Il résulte de là que l'on peut aussi diviser les deux termes d'une fraction algébrique par la même quantité sans altérer sa valeur. En effet, nous venons de démontrer que $\dfrac{am}{bm} = \dfrac{a}{b}$; or, la seconde fraction n'est autre chose que la première dont on a divisé les deux termes par la quantité m -

63. **Réduction au même dénominateur.** Pour réduire plusieurs fractions au même dénominateur, il faut, comme en arithmétique, multiplier les deux termes de chacune par le produit des dénominateurs de toutes les autres.

Ainsi $\dfrac{a}{b}$, $\dfrac{c}{d} = \dfrac{ad}{bd}$, $\dfrac{bc}{bd}$

de même $\dfrac{f}{g}$, $\dfrac{h}{k}$, $\dfrac{l}{m}$, $\dfrac{x}{y} = \dfrac{fkmy}{gkmy}$, $\dfrac{ghmy}{gkmy}$, $\dfrac{gkly}{gkmy}$, $\dfrac{gkmx}{gkmy}$.

Lorsque les dénominateurs des fractions proposées ont des facteurs communs, il est mieux, comme en arithmétique, de prendre pour dénominateur commun le plus petit multiple ; or, on formera ce plus petit multiple, ou l'expression la plus simple divisible par chacun des dénominateurs proposés, en prenant une seule fois, mais avec l'exposant le plus élevé, tous les facteurs qui entrent dans les dénominateurs des fractions données. Pour le coefficient on opérera comme en arithmétique.

Soit, par exemple, les fractions suivantes à réduire au même dénominateur :

$$\frac{2m}{5a^3b^2c} \quad , \quad \frac{x^2}{6a^4bc^3} \quad , \quad \frac{3y}{15a^4b^3c^4x}$$

Le plus petit multiple sera $5 \times 2 \times 3 \times a^4 \times b^3 \times c^4 \times x = 30\,a^4b^3c^4x$.

Il faut maintenant diviser ce plus petit multiple par chaque dénominateur particulier et multiplier les deux termes de chaque fraction par le quotient qui existe entre le dénominateur commun $30\,a^4b^3c^4x$ et son dénominateur propre; c'est à dire qu'il faut multiplier les deux termes de la première par $6a\,bc^3x$, les deux termes de la seconde par $5ab^2cx$, et les deux termes de la troisième par $2a^3$.

Alors les fractions proposées, réduites au dénominateur commun le plus simple, deviendront :

$$\frac{12\,abc^3mx}{30\,a^4b^3c^4x} \quad , \quad \frac{5b^2cx^3}{30\,a^4b^3c^4x} \quad , \quad \frac{6\,a^3y}{30\,a^4b^3c^4x}$$

64. Pour réduire un entier en fraction d'une espèce donnée, on multiplie cet entier par le dénominateur proposé et l'on donne au produit ce même dénominateur ; ainsi a, réduit en une expression fractionnaire ayant m pour dénominateur, égale $\dfrac{am}{m}$.

65. *Addition des fractions.* Pour ajouter entr'elles des fractions littérales, il suffit de faire l'addition des numérateurs et de donner au résultat le dénominateur commun. Si les dénominateurs étaient différents, on commencerait par les réduire au même dénominateur : ainsi $\dfrac{a}{b}$ ajouté à $\dfrac{c}{b} = \dfrac{a+c}{b}$

de même $\dfrac{a}{b} + \dfrac{c}{d} + \dfrac{g}{f} = \dfrac{adf + bcf + bdg}{bdf}$.

66. *Soustraction des fractions.* Pour faire la soustraction des fractions il faut aussi les réduire d'abord au même dénominateur, puis effectuer la soustraction des numérateurs et donner au résultat le dénominateur commun ;

ainsi : $\dfrac{a}{b} - \dfrac{c}{d} = \dfrac{ad}{bd} - \dfrac{bc}{bd} = \dfrac{ad - bc}{bd}$

67. *Multiplication des fractions.* Pour faire la multiplication des fractions algébriques il faut multiplier les numérateurs entr'eux et aussi les dénominateurs entr'eux. - Ainsi : $\dfrac{a}{b} \times \dfrac{m}{x} = \dfrac{am}{bx}$.

En effet, représentons la valeur de la première fraction par q et celle de la seconde par q', nous aurons :

$$\dfrac{a}{b} = q \quad \text{et} \quad \dfrac{m}{x} = q'.$$

D'où l'on tire $a = bq$ et $m = xq'$.

mais les deux quantités a et m étant respectivement égales aux deux quantités bq et xq', le produit des deux premières égalera le produit des deux autres, et l'on aura :

$$am = bq \times q' \quad \text{ou} \quad am = bx \times qq'$$

et, enfin, en divisant ces deux quantités égales par bx, on aura :

$$\frac{am}{bx} = qq'$$

ce qui démontre la règle énoncée, puisque le produit des numérateurs am, divisé par le produit des dénominateurs bx, égale le produit qq' des valeurs des fractions.

68. Pour multiplier une fraction par un entier, ou un entier par une fraction, il suffit de multiplier le numérateur de la fraction par l'entier et de donner au produit le dénominateur de la fraction, ainsi :

$$\frac{a}{b} \times c = \frac{ac}{b} \quad , \quad \text{de même} \quad b^2 \times \frac{a}{m} = \frac{ab^2}{m}$$

On démontrerait cette règle comme la précédente en donnant à l'entier l'unité pour dénominateur; ainsi : $\frac{a}{b} \times c = \frac{a}{b} \times \frac{c}{1}$.

69. *Division des fractions.* Pour diviser une fraction par une fraction il faut multiplier la fraction dividende par la fraction diviseur renversée ainsi : $\frac{a}{b} : \frac{m}{x} = \frac{a}{b} \times \frac{x}{m} = \frac{ax}{bm}$.

En effet, représentons par q le quotient demandé,

nous aurons $\frac{a}{b} : \frac{m}{x} = q$,

ce qui donne $\frac{a}{b} = \frac{m}{x} \times q$,

ou bien, en réduisant au même dénominateur :

$$\frac{ax}{bx} = \frac{bm}{bx} \times q$$

En supprimant le dénominateur nous multiplierons par bx les deux quantités et ne troublerons pas l'égalité; nous aurons alors :

$$ax = bm \times q$$

enfin, en divisant de part et d'autre par bm, nous aurons :

$$\frac{ax}{bm} = q.$$

Ainsi on obtient le quotient demandé en multipliant $\frac{a}{b}$, fraction dividende par $\frac{x}{m}$ fraction diviseur renversée.

70. Pour diviser une fraction par un entier il faut multiplier le dénominateur par l'entier. Ainsi $\frac{a}{b} : c = \frac{a}{bc}$.

71. Pour diviser un entier par une fraction il faut multiplier l'entier par la fraction diviseur renversée. Ainsi $a : \frac{b}{c} = a \times \frac{c}{b} = \frac{ac}{b}$.

On démontrerait ces deux dernières règles comme la précédente, en donnant à l'entier l'unité pour dénominateur.

72. Nous ferons remarquer que la valeur d'une fraction est toujours positive, si les deux termes sont de même signe, et négative dans le cas contraire ; c'est une conséquence de la règle des signes dans la division, ainsi :

$$\frac{+a}{+b} = \frac{-a}{-b} = +q, \; et \; \frac{+a}{-b} = \frac{-a}{+b} = -q.$$

Ce qui prouve encore que l'on peut changer les signes des deux termes d'une fraction sans altérer sa valeur.

73. Si aux deux termes d'une fraction, proprement dite, on ajoute une même quantité, la nouvelle fraction qui en résulte sera plus grande que la première. Soit la fraction $\frac{a}{b}$, dans laquelle nous supposons $a < b$; ajoutons une même quantité m aux deux termes de cette fraction, et nous aurons $\frac{a+m}{b+m}$.

En réduisant ces deux fractions au même dénominateur on aura :

$$\frac{a}{b} = \frac{ab+am}{b^2+bm} \quad et \quad \frac{a+m}{b+m} = \frac{ab+bm}{b^2+bm}.$$

Les deux numérateurs des nouvelles fractions ont une partie commune ab, mais la partie bm du second numérateur est plus grande que la partie am du premier numérateur, puisque nous avons supposé $a < b$; donc aussi la seconde fraction est plus grande que la première.

Ce raisonnement démontre aussi que ce principe n'est vrai qu'autant que $\frac{a}{b}$ est une fraction proprement dite, car autrement la seconde fraction serait plus petite que la première, puisqu'alors on aurait $ab + bm < ab + am$.

On démontrerait de la même manière que si l'on diminue d'une même quantité les deux termes d'une fraction proprement dite, la nouvelle fraction qui en résulte sera plus petite que la première.

Exercices sur les fractions algébriques.

Réduire au même dénominateur les fractions suivantes :

95. $\quad \dfrac{a}{b^2} \quad \dfrac{c^2}{m}$

96. $\quad \dfrac{a^2}{3b} \quad \dfrac{c}{m^2} \quad \dfrac{d}{p} \quad \dfrac{x}{q}$

97. $\quad \dfrac{3a}{5c^2 m^3 x} \quad \dfrac{2c}{3a^2 b^3 c^4 x^3} \quad \dfrac{7}{9a^4 bc} \quad \dfrac{a}{b^3 c^2 x^2}$

98. $\quad \dfrac{a}{3b^2 c^4 m} \quad \dfrac{1}{4a^3 bc^3 x^4} \quad \dfrac{b^2}{18a^4} \quad \dfrac{5}{12a^3 b^2 cx^3}$

99. Ajouter les fractions $\dfrac{m}{x^2} \quad \dfrac{3a}{5c^3}$

100. Additionner 5 et $\dfrac{b^2}{c^3}$

101. Retrancher $\dfrac{3a}{b^2}$ de $\dfrac{7c^3}{m^3}$

102. Trouver la différence des deux fractions $\dfrac{2}{a^3}$ et $\dfrac{a^4}{b^2}$

103. Réduire $2a^3$ en une expression fractionnaire ayant x^4 pour dénominateur.

104. Multiplier $\dfrac{3m}{c^2}$ par $\dfrac{c^3}{m^2}$

105. Multiplier $\dfrac{m^2}{b^3}$ par -5

106. Multiplier $-ab$ par $\dfrac{2b^3}{3c^2}$

107. Quel est le produit de $-\dfrac{2a^3}{5c^2}$ et de $-\dfrac{b^2}{x^4}$?

108. Diviser $\dfrac{m}{b}$ par $\dfrac{x}{a}$

109. Diviser $\dfrac{c}{p}$ par $-\dfrac{x^2}{m^2}$

110. Trouver le quotient de $\dfrac{a}{x^2}$ par $-3m$

111. Trouver le quotient de a^3 par $-\dfrac{b^2}{a^2}$

112. Multiplier $\dfrac{c^3-m^3}{a^2-b^2}$ par $\dfrac{a^2-b^2}{c-m}$

113. Diviser $\dfrac{a-b}{m+x}$ par $\dfrac{a+b}{c-m}$

114. Diviser $\dfrac{a^2-b^2}{c^2-x}$ par $\dfrac{c^2-x}{a^2-b^2}$

115. Multiplier $\dfrac{3a^2}{b-x}$ par $\dfrac{a-b}{b}$

116. Diviser $2+\dfrac{a}{b}$ par $c-\dfrac{m}{x}$

Chapitre IV.

Equations du premier degré.

§ 1. Définitions.

74. On appelle égalité l'expression de deux quantités égales, ainsi $8+9=20-3$, $a+b=a+d-c$ sont des égalités. L'ensemble des quantités écrites à gauche du signe $=$ forme le premier membre de l'égalité; les quantités écrites à droite forment le second membre de l'égalité.

75. Toute égalité, formée de quantités qui sont absolument les mêmes, s'appelle identité. ainsi $15=15$, $a-b=a-b$ sont des identités.

76. On appelle équation toute égalité renfermant des quantités connues et des quantités inconnues; ainsi $3x-14=6-2x$ est une équation, en supposant x inconnu.

77. Une équation est dite numérique quand les quantités connues y sont exprimées par des nombres; ainsi $3x-14=6-2x$ est une équation numérique. L'équation est littérale quand les quantités connues y sont représentées par des lettres qui sont ordinairement les premières de l'alphabet, les dernières étant employées pour les inconnues; ainsi $ax-b=c-dx$ est une équation littérale.

78. Une équation est dite du premier degré quand l'inconnue n'est multipliée ni par elle-même ni par une autre inconnue, ainsi:

$$3x-14=6-2x$$
$$ax-b=d-cx$$

sont des équations du premier degré.

Elle est dite du second degré quand l'inconnue s'y trouve à la seconde puissance ou qu'elle est multipliée par une autre inconnue, ainsi

$$3x^2+9x=85$$
$$xy=18.$$

sont des équations du second degré.

79. La solution des problèmes par les équations est composée de deux parties bien distinctes : la première a pour objet la traduction en langage algébrique des conditions ou données de la question proposée ; c'est ce qu'on appelle mettre le problème en équation — La seconde a pour but de faire subir aux équations certaines transformations pour en dégager l'inconnue et connaître sa valeur, c'est ce qu'on appelle résoudre l'équation.

80. On ne peut guère donner de règle générale et précise pour mettre un problème en équation — Cette partie doit être dirigée par le bon sens et le raisonnement. Il faut d'abord bien comprendre les conditions du problème et examiner comment elles doivent conduire à faire égaler une quantité par une autre. Pour atteindre ce but, on commence toujours par supposer que les quantités inconnues sont trouvées ; et, en les représentant par les dernières lettres de l'alphabet, on indique, à l'aide des signes, les opérations qu'il faudrait effectuer pour s'assurer qu'elles répondent à la question, si elles étaient réellement connues.

81. Après avoir formé l'équation, il faut la résoudre ; or, la résolution des équations est soumise à des règles fixes et invariables, qu'il faut maintenant faire connaître.

§ 2. Résolution des équations du premier degré à une inconnue.

82. Résoudre une équation c'est chercher la valeur de l'inconnue, laquelle se nomme aussi racine de l'équation. Cette valeur est trouvée lorsque l'inconnue, placée seule dans un membre, égale une quantité numérique qui forme l'autre membre ; de plus, elle est juste, c'est-à-dire satisfait à la question, lorsqu'en la mettant à la place de l'inconnue dans l'équation donnée, et faisant les opérations qui y sont indiquées, cette équation se réduit à une identité.

83. Pour résoudre les équations du premier degré à une inconnue, il faut savoir : 1° transposer un terme d'un membre dans l'autre ; 2° faire disparaître les dénominateurs des termes fractionnaires ; 3° dégager l'inconnue de manière à ce que, seule dans un membre, elle égale une quantité numérique placée dans l'autre membre.

84. *Transpositions des termes.* La transposition des termes d'un membre dans l'autre est fondée sur ce principe : Quand deux quantités sont égales, si on ajoute à chacune d'elles ou si on en retranche une même quantité, les deux résultats sont égaux. Soit l'équation :

$$8x - 15 = 45 + 2x$$

En ôtant -15 dans le premier membre et l'écrivant dans le second avec le signe $+$, il est évident qu'on augmente les deux membres de 15 unités ; de même, en ôtant $+2x$ du second membre pour le mettre dans le premier avec le signe $-$, on les diminue tous deux de $2x$, de sorte qu'au lieu de la première équation on a celle-ci :

$$8x - 2x = 45 + 15$$

D'où résulte cette règle générale : Pour faire passer un terme d'un membre dans l'autre, on l'efface dans le membre où il se trouve pour le mettre dans l'autre avec un signe contraire à celui qu'il avait d'abord.

Ordinairement on écrit dans le premier membre les termes qui contiennent l'inconnue et les autres dans le second membre.

85. Après la transposition des termes on effectue les réductions qui se présentent. Ainsi l'équation : $\quad 8x - 15 = 45 + 2x$

étant devenue $\quad\quad\quad\quad\quad\quad 8x - 2x = 45 + 15$

donne, après la réduction des termes : $\quad\quad 6x = 60$.

Dans les équations littérales, après avoir fait passer dans le premier membre tous les termes qui contiennent l'inconnue, on forme de tous ces termes un seul produit composé de deux facteurs (45), dont l'un soit l'inconnue et l'autre la somme algébrique des coefficients de cette inconnue —

ainsi l'équation $\qquad 5x - b + mx = a + px$

donne, après la transposition des termes, $\qquad 5x + mx - px = a + b$

et, en appliquant la règle précédente : $\qquad (5 + m - p)\, x = a + b$

de même l'équation $\qquad x - bx + mx = a$

donne $\qquad (1 - b + m)\, x = a$

86. On peut multiplier ou diviser les deux membres d'une équation par la même quantité sans détruire l'équation ; car, évidemment, quand on multiplie ou qu'on divise deux quantités égales par la même quantité, les deux résultats sont encore égaux . (*)

De ce principe il résulte que, si tous les termes d'une équation admettent un facteur commun, on pourra la simplifier en divisant tous ses termes par ce facteur :
ainsi l'équation

$$25a^3x + 5a^2x + 10a^3b = 30a^2 + 15a^3$$

devient, en divisant tous les termes par le facteur commun $5a^2$,

$$5ax + x + 2ab = 6 + 3a$$

87. On peut changer tous les signes d'une équation, car cela revient à multiplier les deux membres par -1 : ainsi l'équation

$$16 - 9x = 4 - 6x$$

devient, en multipliant tous ses termes par -1,

$$-16 + 9x = -4 + 6x$$

Cette observation est utile pour le cas où la solution d'une équation donne

---

(*) Il faut cependant que la quantité par laquelle on multiplie ou on divise ne contienne pas l'inconnue, car il pourrait arriver que la nouvelle équation ne donnât pas pour l'inconnue la même valeur que la première. Soit, par exemple, l'équation $3x = 9$. Si l'on multiplie les deux membres par $x - 1$, on aura $3x^2 - 3x = 9x - 9$. Cette dernière équation admet la solution $x = 1$, puisque dans ce cas les deux membres se réduisent à zéro ; tandis que dans la première équation : $3x = 9$ on a $x = 3$. Les deux équations ne donnant pas pour x la même valeur ne sont pas équivalentes .

l'inconnue et sa valeur toutes deux négatives — Telle est l'équation :

$$2x + 25 = 3x$$

qui devient :
$$2x - 3x = -25$$

ou
$$-x = -25$$

d'où, en changeant les signes
$$x = 25$$

88. *Évanouissement des dénominateurs.* Pour résoudre une équation qui renferme des termes fractionnaires, il faut la ramener à une équation qui n'ait que des termes entiers, et, par conséquent, faire disparaître les dénominateurs. Pour atteindre ce résultat il faut (en observant les règles données, soit en arithmétique, soit en algèbre (63 et 64), réduire au même dénominateur tous les termes entiers ou fractionnaires ; ensuite on efface ou on se dispense d'écrire le dénominateur commun ; ce qui multiplie les deux membres par la même quantité, c'est-à-dire le dénominateur commun. On obtient ainsi une nouvelle équation qui ne renferme plus que des termes entiers et qu'on traite comme il a été dit précédemment. — Appliquons cette règle aux exemples suivants :

1er Exemple. —
$$2x + \frac{3x}{5} - 21 + \frac{2x}{3} = 130 + \frac{3x}{4}$$

après la transposition et la réduction on a (84 et 85) :

$$2x + \frac{3x}{5} + \frac{2x}{3} - \frac{3x}{4} = 151$$

Après avoir réduit tous les termes au même dénominateur on obtient :

$$\frac{120x}{60} + \frac{36x}{60} + \frac{40x}{60} - \frac{45x}{60} = \frac{9060}{60}$$

et en effaçant les dénominateurs, ce qui multiplie les deux membres par 60 :

$$120x + 36x + 40x - 45x = 9060$$

et réduction faite :
$$151x = 9060.$$

2e Exemple.
$$x + \frac{5x}{2} - \frac{4x}{3} - 16 = \frac{5}{8} + \frac{x}{32} - \frac{x}{4} + 12$$

après la transposition et la réduction on a :

$$x + \frac{5x}{2} - \frac{4x}{3} - \frac{x}{32} + \frac{x}{4} = 28 + \frac{5}{8}.$$

Réduisons maintenant au même dénominateur et au plus simple possible pour abréger les calculs et les rendre beaucoup plus faciles. Le plus petit multiple des dénominateurs précédents étant 96, nous aurons :

$$\frac{96x}{96} + \frac{240x}{96} - \frac{128x}{96} - \frac{3x}{96} + \frac{24x}{96} = \frac{2688}{96} + \frac{60}{96}$$

après avoir effacé le dénominateur commun, qu'on aurait pu se dispenser d'écrire,

on a : $\qquad 96x + 240x - 128x - 3x + 24x = 2688 + 60$

et après réduction : $\qquad 229x = 2748$

3e Exemple. $\qquad ax + \dfrac{a}{b} = cx + \dfrac{m}{d}$

Après la transposition des termes on a :

$$ax - cx = \frac{m}{d} - \frac{a}{b}$$

Après réduction au même dénominateur on a :

$$\frac{abdx}{bd} - \frac{bcdx}{bd} = \frac{bm - ad}{bd}$$

et après avoir effacé le dénominateur commun :

$$abdx - bcdx = bm - ad$$

ou, comme nous l'avons vu (85)

$$(abd - bcd)x = bm - ad$$

89. *Valeur de l'inconnue.* Lorsqu'on a chassé les dénominateurs, fait les transpositions et réductions nécessaires, il ne reste plus qu'à dégager l'inconnue, de manière à ce que, seule dans un membre, elle égale une quantité connue placée dans l'autre membre ; or, pour cela, il suffit de diviser les deux membres par le coefficient de l'inconnue ;

ainsi l'équation : $\qquad x + \dfrac{5x}{2} - \dfrac{4x}{3} - 16 = \dfrac{5}{8} + \dfrac{x}{32} - \dfrac{x}{4} + 12$

étant devenue, comme nous l'avons vu précédemment (88) :

$$229x = 2748$$

on aura, en divisant les deux membres par le coefficient 229 :

$$x = \frac{2748}{229} = 12$$

de même l'équation : $\qquad ax + \dfrac{a}{b} = cx + \dfrac{m}{d}$

étant devenue $\qquad (abd - bcd)x = bm - ad$

on aura, en divisant par le coefficient de l'inconnue,

$$x = \frac{bm - ad}{abd - bcd}$$

90. Pour connaître si la valeur trouvée est juste ou satisfait à la question, il faut remplacer, dans l'équation donnée, l'inconnue par la valeur trouvée; faire les opérations indiquées et voir si l'on obtient ainsi une identité (82) —

Soit l'équation :
$$\frac{25}{x+3} = \frac{10}{3x-4}$$

réduisant au même dénominateur on a :

$$\frac{75x-100}{3x^2+5x-12} = \frac{10x+30}{3x^2+5x-12}$$

Effaçant le dénominateur commun qu'on aurait pu omettre, il vient :
$$75x-100 = 10x+30$$

ou
$$65x = 130$$

D'où
$$x = \frac{130}{65} = 2$$

Vérification. Si dans l'équation proposée $\frac{25}{x+3} = \frac{10}{3x-4}$ on remplace x par 2, on trouve : $\frac{25}{2+3} = \frac{10}{3\times2-4}$ et, en effectuant les calculs indiqués, on obtient l'identité $5 = 5$

Soit encore l'équation littérale :
$$ax+\frac{b}{m} = c-\frac{x}{p} .$$

Après la transposition des termes et la réduction au même dénominateur, on obtient :
$$ampx+mx = cmp-bp$$

ou
$$(amp+m)x = (cm-b)p$$

d'où l'on tire
$$x = \frac{(cm-b)p}{amp+m}$$

Vérification. Si l'on substitue cette valeur dans l'équation primitive, on aura
$$\frac{acmp-abp}{amp+m} + \frac{b}{m} = c-\frac{(cm+b)p}{(amp+m)p}$$

Si l'on simplifie l'expression fractionnaire, qui forme le dernier terme, en supprimant le facteur p; si l'on réduit au même dénominateur qui peut être $amp + m$, on obtiendra :

$$acmp - abp + abp + b = acmp + cm - cm + b$$

ou enfin :

$$acmp + b = acmp + b$$

L'équation primitive se réduit ainsi à une identité, la valeur trouvée pour x satisfait donc à cette équation pour toutes les valeurs numériques qu'on pourrait donner aux lettres a, b, c, m, p.

91. Outre les dénominateurs qu'il faut faire disparaître, il peut se trouver aussi des opérations indiquées sur quelques termes d'une équation. Ces opérations doivent être effectuées avant ou après la transposition des termes. — En voici deux exemples :

1er Exemple. Soit l'équation :

$$3x + 52 - \frac{4x}{3} + 7(x-10) = 2 + \frac{2x}{3} - 4(x-10)$$

après la transposition on a :

$$3x - \frac{4x}{3} + 7(x-10) + 4(x-10) - \frac{2x}{3} = 2 - 52$$

après la réduction des termes semblables on a :

$$-3x - \frac{6x}{3} + 11(x-10) = -50$$

Après avoir effectué la division indiquée dans le second terme et la multiplication dans le troisième, on a :

$$3x - 2x + 11x - 110 = -50$$

enfin, après réduction et transposition, on obtient :

$$12x = 60$$

d'où

$$x = \frac{60}{12} = 5$$

2me Exemple.

$$\frac{4x}{3} - (390 - 3x)\,\tfrac{1}{2} + 5 = 45 - x$$

Après avoir effectué la multiplication et la soustraction indiquées, on a :

$$\frac{4x}{3} - \frac{390 + 3x}{10} + 5 = 45 - x$$

après la transposition et la réduction, on a :

$$x + \frac{4x}{3} - \frac{390 + 3x}{10} = 40$$

Après réduction au même dénominateur qu'on néglige d'écrire, il vient :

$$30x + 40x - 1170 + 9x = 1200$$

et après transposition et réduction :

$$79x = 2370$$

d'où

$$x = \frac{2370}{79} = 30.$$

Exercices.

Équations du premier degré à une seule inconnue.

Résoudre les équations suivantes :

117. $\quad 2x + \frac{5x}{6} - \frac{3}{4} - \frac{2x}{3} = 33 - \frac{31x}{48}$

118. $\quad \frac{25}{2x+6} = \frac{5}{3x-4}$

119. $\quad 4 - \frac{(x+3)}{6} + 2x = 8 + 9 - \frac{2x}{3}$

120. $\quad \frac{4x}{5} - 4 + 2x = \frac{x}{2} + \frac{6x}{15} + \frac{1}{2} + 5$

121. $\quad \frac{5x}{6} + x = \frac{8x}{9} - \frac{1}{3} + 278$

122. $\quad x + 5 + (x-2)\,\frac{4}{7} = 10 - \frac{1}{3} - \frac{1}{2}$

123. $\quad \frac{x}{2} + \frac{11}{16} + \frac{5x}{8} - 5 = \frac{1}{20} - 6x - \frac{3}{4} - \frac{x}{10}$

124. $\quad 0,8 + 0,6x - 0,664 = x + 0,09x - 0,2 - 0,07x$

125. $\quad 5x - 22,5 - 0,3x + 4,5 = x - 1,35 + 0,0315 - 0,007x$

126. $\quad ax + b = d - cx$

127. $\quad (3a - x)(a - b) + 2ax = 4b(x + a)$

128. $\quad \frac{ax}{c} + b - d = 4x + m$

129. $\quad a\left(\frac{b - cx}{m}\right) = d - lx$

Problèmes du 1ᵉʳ degré à une inconnue.

92. Nous avons dit (79) que la solution des problèmes par les équations se compose de deux parties : la mise en équation du problème et la solution de cette équation. — Nous venons de traiter cette seconde partie, nous allons maintenant, au moyen de quelques exemples, apprendre de quelle manière on peut déduire l'équation d'un problème de son énoncé.

1ᵉʳ Problème :

Divisez le nombre 97 en deux parties, telles que leur différence soit 19, ou bien connaissant 97, somme de deux nombres et 19 leur différence, trouver ces deux nombres.

Solution. Soit x la plus petite partie, la plus grande sera $x + 19$; or, il est évident que les deux parties égalent la somme 97 — On a donc l'équation :

$$x + (x + 19) = 97$$

ce qui donne

$$2x + 19 = 97$$

et, après transposition et réduction

$$2x = 78$$

ou

$$x = \frac{78}{2} = 39$$

la plus grande partie sera donc : $39 + 19 = 58$

Même problème généralisé.

Soit s la somme de deux nombres, d leur différence et x la plus petite partie, la plus grande sera $x + d$ et l'on aura l'équation :

$$x + x + d = s$$

ou

$$2x + d = s$$

ou

$$2x = s - d$$

ou enfin

$$x = \frac{s - d}{2}$$

On peut aussi représenter la plus grande partie par x, alors la plus petite sera $x - d$ et l'on aura l'équation :

$$x + x - d = s$$

ou

$$2x - d = s$$

ou

$$2x = s + d$$

ou enfin

$$x = \frac{s + d}{2}$$

L'on a ainsi deux *formules* qui démontrent qu'en général lorsqu'on connaît la somme de deux nombres et leur différence, on obtient le plus petit, en retranchant de la moitié de la somme la moitié de la différence, et le plus grand, en ajoutant la moitié de la différence à la moitié de la somme.

***

2ᵐᵉ Problème.

Un bassin est alimenté par deux fontaines : la première le remplirait en 4 heures et l'autre en 12 heures. On demande dans quel temps ce bassin sera rempli par les deux fontaines coulant ensemble.

Représentons par x le nombre d'heures cherché. Puisque la première fontaine remplit le bassin en 4 heures, il est évident que l'eau fournie dans une heure occupe le quart du bassin, ou bien 1/4 ; l'eau fournie dans x heures occupera une portion du bassin indiquée par x fois 1/4 ou $\frac{x}{4}$.

De même la seconde fontaine, qui met 12 heures pour remplir le bassin, donnera dans une heure l'eau nécessaire pour occuper $\frac{1}{12}$ de cette capacité et dans x heures la portion occupée sera $\frac{x}{12}$.

Or, les deux fontaines devant remplir le bassin dans le temps x, il est clair que les deux portions réunies $\frac{x}{4}$ et $\frac{x}{12}$ forment la capacité du bassin ou 1.

On a donc l'équation :

$$\frac{x}{4} + \frac{x}{12} = 1$$

laquelle donne successivement :

$$3x + x = 12$$

$$4x = 12$$

$$x = \frac{12}{4} = 3$$

En effet, la première fontaine qui, dans une heure mettrait le bassin au quart, dans trois heures le mettra aux 3/4 ; et l'eau fournie par la seconde dans une heure, occupant $\frac{1}{12}$ du bassin, celle fournie en 3 heures occupera les 3/12 du bassin, ou l'autre quart.

Même problème généralisé.

Un bassin est alimenté par deux fontaines : l'une le remplirait en a d'heures, et la seconde en b heures. Combien mettent-elles de temps pour le remplir lorsqu'elles coulent toutes les deux à la fois ?

D'après le raisonnement précédent on aura l'équation :

$$\frac{x}{a} + \frac{x}{b} = 1$$

en réduisant au même dénominateur :

$$\frac{bx + ax}{ab} = \frac{ab}{ab}$$

ou

$$bx + ax = ab$$

ou

$$(a+b)x = ab$$

ou enfin

$$x = \frac{ab}{a+b}$$

L'on obtient ainsi une formule d'où l'on tire cette loi générale : Pour trouver le temps que mettent deux fontaines, coulant ensemble, pour remplir un bassin, lorsqu'on connaît le temps nécessaire à chacune d'elles, il faut diviser le produit de deux temps individuels par leur somme.

3.° Problème.

Un orfèvre possède un lingot d'argent au titre de $0,950$, pesant $4^{k},4$; il veut en abaisser le titre et le réduire à $0,800$, quelle quantité de cuivre doit-il ajouter à ce lingot ?

N.B. Pour comprendre cet énoncé il faut savoir que dans l'orfèvrerie, l'or et l'argent sont toujours combinés avec d'autres métaux, tels que le cuivre. Or, cela posé, on dit qu'un lingot d'or ou d'argent est à tel titre ou tel degré de fin, lorsque sur un poids déterminé, par exemple sur un gramme, il contient tel ou tel poids d'or ou d'argent pur. Ce titre s'exprime ordinairement en millièmes. Ainsi un lingot est à $0,900$ de fin ou au titre de $0,900$ lorsque ce lingot contient les $0,900$ de son poids d'or ou d'argent pur. On voit par là que le poids d'un lingot multiplié par son titre donne la quantité de matière précieuse contenue dans ce lingot. (Les monnaies françaises d'or ou d'argent sont au titre de $0,900$.)

Solution. D'après l'observation précédente la quantité d'argent pur contenue dans le lingot est égale à $4^k 4 \times 0,950$. Représentons par x le nombre de kilogrammes de cuivre qu'il faut allier à ce lingot pour abaisser son titre à $0,800$. Le lingot pèsera alors $4,4 + x$, et l'on obtiendra la quantité d'argent qu'il contient en multipliant $4,4 + x$ par $0,800$, son nouveau titre; mais, la quantité absolue d'argent fin n'ayant pas changé, on aura l'équation

$$(4,4+x)\,0,800 = 4,4 \times 0,950$$

qui devient successivement :

$$3,52 + 0,80\,x = 4,18$$
$$352 + 80\,x = 418$$
$$80\,x = 66$$
$$x = \frac{66}{80} = 0^{k}825 \text{ grammes.}$$

Formule. En général, si nous représentons par p le poids d'un lingot au titre t, qu'on voudrait abaisser au titre t', les raisonnements précédents nous conduiront à l'équation :

$$(p+x)\,t' = pt$$

d'où l'on tire successivement :

$$pt' + xt' = pt$$
$$xt' = pt - pt'$$
$$xt' = p\,(t-t')$$
$$x = \frac{p\,(t-t')}{t'}$$

4.ᵉ Problème.

Un orfèvre possède deux lingots d'or, l'un au titre de $0,950$, l'autre à $0,720$; combien doit-il prendre de grammes de chacun de ces lingots pour en former un troisième qui pèse 320 grammes et dont le titre soit $0,800$?

Solution. Soit x le nombre de grammes fourni par le lingot du premier titre, il faudra en prendre $320-x$ sur le second. Un gramme du premier contenant $0^g 950$ d'or pur, les x grammes en contiendront $0,950x$, et la quantité de fin contenue dans les $320-x$ grammes sera $(320-x)0,720$; — Mais, le troisième lingot étant au titre $0,800$ et devant peser 320 grammes, la quantité d'or pur qu'il contiendra sera $320 \times 0,800 = 256$ grammes. On aura donc l'équation :

$$0,950\,x + (320-x)\,0,720 = 320 \times 0,800$$

qui devient successivement :

$$0,950\,x + 230,400 - 0,720\,x = 256,000$$
$$950\,x + 230400 - 720\,x = 256000$$
$$230\,x = 25600$$
$$x = \frac{25600}{230} = 111,3$$

Donc il faudra prendre $111^g,3$ du premier lingot et, par conséquent, $320 - 111,3$ ou $208^g,7$ du second.

Formule. En général, étant donné deux lingots de même matière à des titres différents, trouver la formule qui exprime la quantité qu'il faut prendre de chaque lingot pour en composer un troisième d'un titre intermédiaire et d'un poids donné.

Représentons par t le titre le plus élevé, par t' le plus bas, par p le poids demandé, par m le titre intermédiaire et par x le poids à prendre sur le premier lingot. Les considérations précédentes nous conduiront à l'équation :

$$tx(p-x)t' = pm$$

qui devient successivement

$$tx + t'p - t'x = pm$$
$$tx - t'x = pm - t'p$$
$$(t-t')x = (m-t')p$$

d'où la formule

$$x = \frac{(m-t')p}{t-t'}$$

5ᵉ Problème.

On a un lingot d'or, pesant 300 grammes au titre de 0,650, et l'on veut élever ce titre à 0,750 au moyen d'un autre lingot d'or au titre de 0,900 — Combien doit-on allier de grammes de ce dernier lingot au premier pour obtenir le titre demandé ?

Solution. En représentant par x le nombre de grammes cherché, il est évident que la quantité de fin contenue dans le troisième lingot sera $300 \times 0,65$ plus encore $0,90\,x$; mais on obtiendra encore cette même quantité d'or pur en multipliant son poids $300 + x$ par son nouveau titre $0,75$.

D'où l'équation : $300 \times 0,65 + 0,90\,x = (300 + x)\,0,75$

D'où l'on tire $\qquad x = 200.$

Formule. En général, p étant le poids d'un lingot dont on veut élever le titre t' à un titre intermédiaire m au moyen d'un autre lingot d'un titre supérieur t, si nous représentons par x la quantité qu'on doit prendre sur ce dernier lingot, les raisonnements précédents conduisent à l'équation :

$$p\,t' + t\,x = (p + x)\,m$$

d'où l'on tire la formule $\qquad x = \dfrac{(m - t')\,p}{t - m}$

6ᵉ Problème.

Quelqu'un engage un ouvrier pour 57 jours. Chaque jour qu'il travaille, il reçoit $2^f\,25^c$ et chaque jour de repos on lui retient $0,75$ pour sa nourriture ; au bout de 57 jours il reçoit pour solde de son compte $92^f\,25^c$. On demande le nombre de jours de travail et le nombre de jours de repos.

Solution. Si nous connaissions ces deux nombres, en les multipliant, le premier par $2,25$ et le second par $0,75$, puis retranchant le dernier produit du premier, on devrait trouver $92,25$ pour reste. Indiquons ces opérations à l'aide des signes algébriques.

Soit x le nombre de jours de travail, les jours de repos seront $57 - x$. $2,25 \times x$ ou $2,25\,x$ désigne le gain de l'ouvrier, et $(57 - x)\,0,75$, la somme qu'on doit lui retenir. On a donc pour l'équation du problème :

$$2,25x - (57 - x)\,0,75 = 92,25$$

effectuant les calculs on a

$$2,25x - 42,75 + 0,75x = 92,25$$

multipliant les deux nombres par 100 on a :

$$225x - 4275 + 75x = 9225$$

et après transposition et réduction :

$$300x = 13500$$

ce qui donne :

$$x = \frac{135}{3} = 45$$

Ainsi l'ouvrier a travaillé pendant 45 jours et, par conséquent, s'est reposé pendant 12 jours. En effet, pour 45 jours de travail il aurait dû recevoir $45 \times 2,25 = 101^f.25$ ¢. Mais, pour les 12 jours de repos, on lui a retenu $0,75 \times 12 = 9$ francs, ce qui donne bien $101,25 - 9 = 92,25$.

7.ᵉ Problème.

Un levrier poursuit un renard qui a 50 sauts de renard d'avance. Pendant que le levrier fait 4 sauts, le renard en fait 5, mais 6 sauts du levrier en valent 9 du renard. En combien de sauts le levrier attrapera-t-il le renard ?

Solution. Soit x le nombre de sauts que doit faire le levrier pour atteindre le renard. Pendant que le levrier fait 4 sauts le renard en fait 5; par conséquent, pendant que le levrier en fait 1, le renard en fait le quart de 5 ou 5/4, donc, pendant que le levrier en fait x le renard en fait $x \times 5/4$ ou $\frac{5x}{4}$. Il est visible, d'après l'énoncé, que l'espace à parcourir par le levrier est égal aux 50 sauts d'avance du renard plus ce chemin que celui-ci parcourt à partir du moment où le levrier se met à sa poursuite, c'est à dire en tout à $50 + \frac{5x}{4}$. Cette dernière somme, exprimant des sauts de renard, ne peut, comme on pourrait le croire d'abord, égaler x, qui exprime les sauts du levrier, car ces deux quantités ne sont pas homogènes. Il faut donc chercher ce que les x sauts du levrier valent en sauts du renard. Or, puisque 6 sauts du levrier en valent 9 du renard, 1 en vaudra 9/6 ou 3/2 et x en vaudront $\frac{3x}{2}$, ce qui donne l'équation :

$$\frac{3x}{2} = 50 + \frac{5x}{4}$$

d'où

$$x = 200$$

Ainsi le lévrier fait 200 sauts pour atteindre le renard ; pendant ce temps, le renard en fera

$\frac{5x}{4}$ ou $\frac{5 \times 200}{4} = 250$

Vérification. Les 200 sauts du lévrier valent $\frac{3x}{2} = \frac{3 \times 200}{2} = 300$ sauts du renard. Ainsi, les 200 sauts du lévrier valent les 250 sauts que fait le renard plus les 50 qu'il a d'avance.

Exercices.

Problèmes du 1er degré à une inconnue.

130. Partager 105 en deux nombres dont les 2/3 du premier plus les 3/11 du second égalent 57.

131. Trouver un nombre tel que, si on lui ajoute sa moitié, la somme surpasse 20, d'autant que le nombre lui-même est au-dessous de 85.

132. Partager 97 en deux parties telles que, si l'on divise la première par 9 et la seconde par 5, la somme des deux quotients soit égale à 17.

133. Trouver un nombre dont les deux tiers, les trois cinquièmes et les quatre septièmes augmentés de 9, donnent pour somme 202.

134. Un homme veut vendre un cheval, une vache, un âne et une chèvre. Il donne les 4 bêtes pour 506 francs. Le cheval vaut trois fois plus que la vache, la vache deux fois plus que l'âne, l'âne cinq fois plus que la chèvre. Quel est le prix de chaque animal ?

135. Un particulier a deux montres, l'une en or, l'autre en argent, et une chaîne du prix de 150 francs. La chaîne, mise avec la montre d'argent, la fait valoir autant que la montre d'or ; mais, placée avec la montre d'or, celle-ci vaut quatre fois la montre d'argent. Quel est le prix de chaque montre ?

136. Un maître promet à son domestique 234^f. 30^c de gage par an et un habit dont ils fixent ensemble la valeur. Au bout de 8 mois le maître congédie le domestique, en lui donnant 116^f. 90^c et lui laissant l'habit. Le

domestique se trouve ainsi payé de son gage - Quel est le prix de l'habit ?

137. Un marchand a deux qualités de blé, l'une à 25 francs et l'autre à 19 francs l'hectolitre - Combien doit-il mêler de blé de la seconde qualité à 60 hectolitres de la première pour vendre le mélange 21 francs l'hectolitre ?

138. Un homme disait à un algébriste : Si vous voulez doubler l'argent que j'ai dans ma bourse, je vous donnerai trois louis, puis encore autres trois louis si vous doublez ce qui me restera, puis enfin autres trois louis quand vous aurez doublé le second resté - Le marché fut accepté, et quand l'homme eut donné pour la troisième fois trois louis, sa bourse se trouva vide - Combien avait-il de louis avant de proposer le marché ?

139. Un ouvrier fait 12 mètres d'ouvrage en 5 jours, un autre 9 en 4 jours, et un troisième 14 en 6 jours ; combien ces trois ouvriers, travaillant ensemble, mettront-ils de jours pour faire 838 mètres ?

140. Deux fontaines coulent ensemble dans un bassin - La 1ère. le remplirait seule en 4 heures 1/2 et la seconde en 3 h. 3/4 ; mais, au fond du bassin, il y a une ouverture par laquelle il peut se vider en 1 h. 4/5 - On demande en combien de temps le bassin rempli se videra quand l'eau coulera par les trois ouvertures à la fois ?

141. On fait partir de Clermont pour Paris un courrier faisant 9 hectomètres à l'heure - Quatre heures après son départ on en fait partir un second, qui fait 11 hectomètres à l'heure - On demande à quelle distance de Clermont il joindra le premier.

142. Deux courriers parcourent la même route dans le même sens - Le premier, qui fait 7 myriamètres en 12 heures, a une avance de 38 myriamètres sur le second, qui fait 8 myriamètres en 11 heures - Après combien d'heures de marche le second courrier joindra-t-il le premier ?

143. Une montre marquant midi, l'aiguille des minutes se trouve sur celle des

heures. - A quelle heure se fera la prochaine rencontre ? A quelle heure la 2e, la 3e, etc. rencontre ?

144. - 45 décalitres de mélange contiennent 22 litres d'eau - Combien faut-il y ajouter de vin pour que 45 décalitres du nouveau mélange ne contiennent plus que 5 litres d'eau ?

145. Une mère partage entre ses trois enfants un certain nombre d'oranges - Elle donne au premier la moitié de ce nombre d'oranges, plus la moitié d'une orange, au 2ème la moitié de ce qui reste, plus la moitié d'une orange, au 3e la moitié de ce qui reste, plus la moitié d'une orange, et ainsi de suite pour tous les enfants. - Après ce partage, qui s'est fait sans entamer aucune orange, il ne reste rien à la mère. On demande de trouver le nombre d'oranges pour les cas divers où la mère aurait trois enfants, quatre enfants, cinq enfants.

146. Un père laisse son héritage à partager entre ses enfants de la manière suivante : l'aîné aura 1000 francs plus 1/8 de ce qui reste ; le second, 2,000 francs plus 1/8 du reste ; le troisième, 3000 francs plus 1/8 du reste, et ainsi de suite ; néanmoins, le partage fait, il se trouve que les enfants ont reçu la même somme - On demande 1° quel est l'héritage ? 2°. Quel est le nombre des enfants ?

147. Un marchand prélève tous les ans sur les fonds qu'il a dans le commerce une somme de 1000 francs pour la dépense de son ménage - Cependant, chaque année son bien augmente du tiers de ce qui reste et au bout de trois ans se trouve doublé - Combien avait-il au commencement de la première année ?

§ III. Résolution des équations
du premier degré à plusieurs inconnues.

93. Parmi les questions que nous avons traitées précédemment plusieurs renfermaient dans leur énoncé plus d'une inconnue ; nous les avons cependant résolues au moyen d'une seule équation. Cela tient à ce que ces inconnues étaient liées de telle sorte entr'elles que la valeur de l'une faisait connaître immédiatement toutes les autres.

Mais il existe des problèmes renfermant plusieurs inconnues, dépendantes, il est vrai, les unes des autres, mais non de telle manière qu'il suffise d'en calculer une pour connaître toutes les autres. C'est ce genre de questions que nous allons traiter.

94. Pour résoudre par les équations un problème qui contient plusieurs inconnues, il faut qu'il y ait dans ce problème certaines conditions dont on puisse former autant d'équations distinctes qu'il y a d'inconnues, c'est-à-dire qu'il faut que les équations fournies par l'énoncé soient telles que l'une ne soit pas formée d'une autre multipliée ou divisée par un nombre quelconque.

95. On appelle *élimination*, dans les problèmes à plusieurs inconnues, l'opération par laquelle on ramène la résolution de plusieurs équations à plusieurs inconnues à la solution d'une seule équation à une inconnue, parce que son objet est d'éliminer ou faire disparaître successivement toutes les inconnues.

96. Avant d'éliminer les inconnues il faut chasser les dénominateurs, faire les réductions et transpositions nécessaires, ainsi que les opérations qui se trouveraient indiquées sur quelques-uns des termes des équations.

97. Il y a trois méthodes d'élimination : la méthode par *substitution*, la méthode par *comparaison* et la méthode par *réduction*. Nous allons donner des exemples de chacune, ce sera le meilleur moyen de faire connaître en quoi elles consistent.

98 _ 1°. *Méthode par substitution.*

Problème.

Trouver deux nombres tels que le triple du premier, diminué du quadruple du second donne pour différence 7, et que le quintuple du premier, augmenté de 7 fois le second, donne pour somme 80.

En représentant le premier nombre par x et le second par y, et en appliquant le principe du n°. 80, on aura évidemment les deux équations suivantes :

$$(1) \qquad 3x - 4y = 7$$

$$(2) \qquad 5x + 7y = 80$$

Tirons de la première la valeur provisoire de l'une des deux inconnues, de x, par exemple, et nous aurons :

$$x = \frac{7 + 4y}{3}$$

Remplaçons x dans l'équation (2) par la valeur que nous venons de trouver et nous obtiendrons une équation équivalente, qui ne renfermera plus qu'une seule inconnue dont il sera facile de trouver la valeur. _ La substitution donne :

$$5 \times \frac{(7 + 4y)}{3} + 7y = 80$$

De cette équation on déduit successivement :

$$\frac{35 + 20y}{3} + 7y = 80$$

$$35 + 20y + 21y = 240$$

$$41y = 205$$

$$y = \frac{205}{41} = 5$$

Si dans l'une des deux équations (1) et (2), dans la première, par exemple, nous remplaçons y par sa valeur 5, nous aurons :

$$3x - 4 \times 5 = 7$$

$$3x - 20 = 7$$

$$3x = 27$$

61.

$$x = \frac{27}{3} = 9.$$

Donc, les deux nombres demandés sont 9 et 5. Pour les vérifier on peut les substituer aux lettres x et y, et les deux équations deviendront deux identités.

99. 2°. Méthode par comparaison.

Reprenons les mêmes équations

$$3x - 4y = 7$$
$$5x + 7y = 80$$

Prenant dans chacune de ces équations la valeur d'une inconnue, de x, par exemple, on a :

$$x = \frac{7 + 4y}{3}$$
$$x = \frac{80 - 7y}{5}$$

Puisque les deux premiers membres sont égaux, les seconds doivent l'être aussi, car deux quantités égales à une troisième sont égales entr'elles ; ce qui donne la nouvelle équation à une inconnue :

$$\frac{7 + 4y}{3} = \frac{80 - 7y}{5}$$

laquelle donne successivement :

$$35 + 20y = 240 - 21y$$
$$41y = 205$$
$$y = \frac{205}{41} = 5$$

Maintenant si, comme précédemment, on remplace, dans l'une des deux équations proposées, y par sa valeur 5, on trouvera $x = 9$

100. 3°. *Méthode par réduction.*

Soient les deux équations :

$$5x + 3y = 41$$
$$8x - 3y = 11$$

Il est évident que l'addition de ces deux équations, membre à membre, fait disparaître y et donne :

$$13x = 52$$

d'où

$$x = 4$$

Cette valeur, transportée dans l'une des deux équations proposées, donne $y = 7$.
Si les termes avaient eu le même signe, comme dans les équations suivantes :

$$7x + 4y = 29$$
$$3x + 4y = 17$$

Au lieu d'une addition on fait une soustraction, et, comme le second membre 17 est plus petit que 29, on retranche la seconde équation de la première, ce qui donne :

$$7x - 3x = 29 - 17$$

ou

$$4x = 12$$

d'où

$$x = 3$$

et, par conséquent,

$$y = 2$$

Ordinairement, les coefficients d'une même inconnue ne sont pas égaux, mais alors on ramène ce cas à l'un des précédents en multipliant tous les termes de chaque équation par le coefficient qui affecte cette inconnue dans l'autre équation.

Reprenons, par exemple, les deux premières équations que nous avons traitées

$$(1) \quad 3x - 4y = 7$$
$$(2) \quad 5x + 7y = 80$$

Pour éliminer x on multipliera tous les termes de la première équation par 5, coefficient de x dans la seconde ; ensuite tous les termes de la seconde équation par 3, coefficient de x dans la première, et elles deviendront :

$$15x - 20y = 35$$

$$15x + 21y = 240$$

Retranchant la première de la seconde on obtient :

$$41y = 205$$

d'où

$$y = \frac{205}{41} = 5$$

et cette valeur, substituée dans l'une des deux équations (1) et (2) donne :

$$x = 9.$$

101. Dans plusieurs cas la méthode par *réduction* est plus expéditive, de plus elle a l'avantage de ne pas introduire des dénominateurs. Pour la pratiquer il faut d'abord faire passer toutes les inconnues dans le même membre et effectuer ensuite les multiplications sur les coefficients.

102. La méthode par *réduction* a encore beaucoup d'analogie avec la réduction des fractions au même dénominateur ; aussi est-elle susceptible des mêmes simplifications. Soient, par exemple, les deux équations :

$$8x + 15y = 62$$

$$6x - 5y = 14.$$

Si l'on voulait éliminer x, il suffirait, pour rendre les deux coefficients égaux, de multiplier la première équation par 3 et la seconde par 4, car 24 est multiple de 8 et de 6. Si, au contraire, on voulait éliminer y, il suffirait de multiplier la seconde par 3.

103. Les méthodes d'élimination que nous venons d'exposer suffisent à la résolution d'un nombre quelconque d'équations du premier degré, pourvu que l'énoncé du problème fournisse autant d'équations qu'il y a d'inconnues ; seulement, l'opération est d'autant plus laborieuse que le nombre des équations est plus grand. Nous ferons observer, cependant, qu'après avoir éliminé une inconnue par l'une des trois méthodes, on peut, si on le juge à propos, poursuivre l'élimination des autres inconnues par une autre méthode.

Soient les trois équations :

64.

$$(1)\quad 5x - 6y + 4z = 32$$

$$(2)\quad 7x + 4y - 3z = 61$$

$$(3)\quad 2x + y - 6z = 12$$

Par l'une des trois méthodes exposées, on pourra éliminer l'une des inconnues, z, par exemple, entre la première et la seconde équation. Or, si nous employons la méthode par réduction, il faut multiplier la 1ʳᵉ par 3 et la seconde par 4, ce qui donne :

$$15x - 18y + 12z = 96$$

$$28x + 16y - 12z = 244$$

faisant l'addition, on a :

$$(4)\quad 43x - 2y = 340$$

maintenant, si nous multiplions par 2 l'équation (2), il viendra :

$$14x + 8y - 6z = 122$$

et si, de cette dernière équation, nous retranchons l'équation (3), nous aurons :

$$(5)\quad 12x + 7y = 110$$

Les deux équations (4) et (5) ne renferment plus que deux inconnues. En multipliant l'équation (4) par 7 et l'équation (5) par 2, nous obtiendrons :

$$301x - 14y = 2380$$

$$24x + 14y = 220$$

d'où, en faisant l'addition :

$$325x = 2600$$

d'où

$$x = \frac{2600}{325} = 8$$

en substituant cette valeur dans l'équation (5) on aura :

$$96 + 7y = 110$$

d'où

$$y = \frac{14}{7} = 2$$

Enfin, les valeurs de x et de y, substituées dans l'une des trois équations primitives, dans l'équation (1), par exemple, donneront pour z

$$40 - 12 + 4z = 32.$$

65.

$$4z = 4$$

d'où $$z = \frac{4}{4} = 1.$$

Remarque. Les trois équations précédentes ont été traitées par la méthode de réduction, mais on aurait pu en employer une autre. Afin de mieux faire comprendre aux élèves la marche qu'il faut suivre, servons-nous des deux autres méthodes.

1° *Méthode de comparaison.*

Soient donc les mêmes équations :

$$(1) \quad 5x - 6y + 4z = 32$$
$$(2) \quad 7x + 4y - 3z = 61$$
$$(3) \quad 2x + y - 6z = 12$$

prenant dans chacune la valeur d'une inconnue, de z, par exemple, nous aurons :

$$(4) \quad z = \frac{32 - 5x + 6y}{4}$$
$$(5) \quad z = \frac{7x + 4y - 61}{3}$$
$$(6) \quad z = \frac{2x + y - 12}{6}$$

égalant l'équation (4) aux deux autres (5) et (6) nous obtiendrons :

$$\frac{32 - 5x + 6y}{4} = \frac{7x + 4y - 61}{3}$$
$$\frac{32 - 5x + 6y}{4} = \frac{2x + y - 12}{6}$$

Après avoir chassé les dénominateurs et fait la réduction des termes, ces deux équations deviennent :

$$(7) \quad 43x - 2y = 340$$
$$(8) \quad 19x - 16y = 120$$

Si, maintenant, dans ces deux équations, nous prenons la valeur de y, qui a les plus petits coefficients, nous aurons :

$$y = \frac{43x - 340}{2}$$
$$y = \frac{19x - 120}{16}$$

d'où $$\frac{43x - 340}{2} = \frac{19x - 120}{16}$$

d'où, après réductions :

$$325\,x = 2600$$

d'où
$$x = \frac{2600}{325} = 8$$

Substituant cette valeur de x dans l'une des équations (7) (8), on trouverait :
$$y = 2$$

Substituant les valeurs de x et de y dans l'une des trois équations primitives, on trouverait $z = 1$.

Méthode par substitution.

Soient toujours les mêmes équations :

$$(1) \quad 5x - 6y + 4z = 32$$
$$(2) \quad 7x + 4y - 3z = 61$$
$$(3) \quad 2x + y - 6z = 12$$

Prise dans l'équation (1) la valeur de z est :
$$z = \frac{32 - 5x + 6y}{4}$$

En substituant cette valeur provisoire dans les équations (2) et (3) on a :
$$7x + 4y - \frac{(32 - 5x + 6y) \times 3}{4} = 61$$
$$2x + y - \frac{(32 - 5x + 6y) \times 6}{4} = 12$$

Et, après avoir effectué les opérations indiquées ainsi que les réductions, on obtient :

$$(4) \quad 43x - 2y = 340$$
$$(5) \quad 38x - 32y = 240$$

Prenant la valeur provisoire de y dans l'équation (4), on a :
$$y = \frac{43x - 340}{2}$$

Substituant cette valeur dans l'équation (5) on obtient :
$$38 - \left(\frac{43x - 340}{2}\right) \times 32 = 240$$

Ou, après opérations effectuées : $\quad 1300\,x = 10400$

d'où
$$x = \frac{104}{13} = 8$$

Portant cette valeur de x dans l'une des équations (4) ou (5), on trouve $y = 2$.

Substituant les valeurs de x et de y dans l'une des trois équations primitives, on trouvera encore $z = 1$.

104. Il se présente quelquefois des problèmes où les inconnues n'entrent pas toutes dans chacune des équations ; il n'y a rien pour cela à changer aux méthodes que nous venons d'expliquer. L'opération devient alors plus facile, car il y a moins d'éliminations à effectuer. Soient les équations :

$$(1) \quad 3x - 5y + 2z = 29$$
$$(2) \quad 2x + 4y = 32$$
$$(3) \quad 4x - 3z = 19$$

Éliminant z entre les équations (1) et (3) et employant la méthode de réduction, nous aurons :

$$(4) \quad 17x - 15y = 125$$

Cette équation et l'équation (2) ne renferment plus que les deux inconnues x et y. Si donc nous éliminons y entre ces deux équations, en multipliant l'équation (2) par 15 et l'équation (4) par 4, nous obtiendrons :

$$98x = 980$$

d'où

$$x = \frac{980}{98} = 10$$

La valeur de x, portée dans l'équation (2), donnera $y = 3$; portée dans l'équation (3) elle donnera $z = 7$.

105. En généralisant les procédés que nous venons d'employer pour les équations à deux ou à trois inconnues, on peut établir la règle suivante :

Pour résoudre un nombre quelconque d'équations du premier degré renfermant un pareil nombre d'inconnues, il faut éliminer une des inconnues entre l'une des équations et chacune des autres, ce qui donne une équation et une inconnue de moins. Il faut ensuite opérer sur les nouvelles équations comme sur les précédentes, c'est à dire éliminer une autre inconnue entre l'une de ces équations et chacune des autres, ce qui donnera encore une équation et une inconnue de moins ; enfin on continue de la sorte jusqu'à ce qu'on arrive à une seule équation à une seule inconnue dont il est facile alors d'obtenir la valeur; remontant ensuite par ordre aux divers groupes d'équations obtenues, on détermine successivement les valeurs des autres inconnues.

Problèmes du 1ᵉʳ Degré à plusieurs inconnues.

106. 1ᵉʳ Problème.

Diviser 97 en deux parties telles que leur différence soit 19.

Ce problème, que nous avons déjà résolu avec une seule inconnue (92), peut aussi se traiter avec deux inconnues — Il en est de même de beaucoup d'autres.

Ainsi, soit x le plus grand nombre et y le plus petit, on aura évidemment les deux équations :

$$x + y = 97$$
$$x - y = 19$$

en additionnant les deux équations on obtient :

$$2x = 116$$

d'où

$$x = \frac{116}{2} = 58$$

Si on porte cette valeur de x dans la première équation on trouvera :

$$58 + y = 97$$

ou

$$y = 39$$

2ᵉ Problème.

Un homme, qui s'est chargé de transporter des vases de porcelaine de trois grandeurs, a fait ce marché : qu'il paierait autant, pour chaque vase qu'il casserait, qu'il recevrait pour ceux qu'il rendrait en bon état.

On lui donne d'abord 8 grands vases, 4 moyens et 12 petits ; il casse les moyens, rend les autres en bon état et reçoit une somme de 62 francs —

La seconde fois on lui donne 3 grands vases, 3 moyens et 6 petits ; il casse les petits, rend les autres en bon état et reçoit 15 francs.

Enfin on lui donne 20 grands, 5 moyens et 10 petits ; cette fois il casse les moyens et les petits et reçoit cependant une somme de 75 francs.

On demande ce qu'on a payé pour le transport d'un vase de chaque grandeur.

Soit x le prix de transport d'un grand vase.

y celui du transport d'un moyen

z celui du transport d'un petit.

Il est visible que chaque somme que reçoit le porteur est la différence entre ce qui lui revient pour les vases qu'il rend en bon état et ce qu'il doit donner pour ceux qu'il a cassés. Les trois conditions du problème fournissent donc respectivement les trois équations :

$$8x - 4y + 12z = 62$$
$$3x + 3y - 6z = 15$$
$$20x - 5y - 10z = 75$$

Ces équations peuvent être simplifiées, car tous les termes de la première sont divisibles par 2, ceux de la seconde par 3 et ceux de la troisième par 5. Après avoir effectué ces divisions, je n'ai plus à m'occuper que des équations

$$(1) \quad 4x - 2y + 6z = 31$$
$$(2) \quad x + y - 2z = 5$$
$$(3) \quad 4x - y - 2z = 15$$

J'élimine d'abord y entre la première et la seconde, puis entre la seconde et la troisième, ce qui donne les équations :

$$(4) \quad 6x + 2z = 41$$
$$(5) \quad 5x - 4z = 20$$

Éliminant z entre ces deux équations, j'obtiens l'équation à une inconnue :

$$17x = 102$$

d'où

$$x = \frac{102}{17} = 6$$

Si je substitue cette valeur dans l'équation (4), j'aurai :

7°

$$36 + 2z = 41$$

d'où

$$z = 2{,}5$$

Enfin, substituant la valeur de x et de z dans l'équation (2), nous trouverons :

$$6 + y - 5 = 5$$

d'où

$$y = 4$$

On a donc payé 6 francs pour le transport d'un grand vase

        4   pour celui d'un moyen

      2,50   pour celui d'un petit

3ᵉ Problème.

Trois jeunes gens : François, Louis et Paul, ont fait à l'hôtel une dépense de 60 francs. François voudrait payer seul cette dépense, mais il lui faudrait le quart de l'argent des deux autres. Louis paierait seul aussi avec le tiers de l'argent de François et les deux tiers de celui de Paul ; pour ce dernier, il ne peut acquitter l'écot qu'avec les cinq huitièmes de l'argent de François et la moitié de celui de Louis — Combien chacun avait-il d'argent ?

Soit x l'argent de François

    y celui de Louis

    z celui de Paul.

Puisque l'argent de François, avec le quart de celui des deux autres, suffit pour payer l'écot, on a :

$$x + \frac{y + z}{4} = 60$$

La seconde condition du problème fournit de même l'équation :

$$\frac{x}{3} + y + \frac{2z}{3} = 60$$

Enfin, la troisième condition fournit de même l'équation :

$$\frac{5x}{8} + \frac{y}{2} + z = 60$$

En faisant disparaître les dénominateurs, ces trois équations sont remplacées par les suivantes :

$$(1) \qquad 4x + y + z = 240$$
$$(2) \qquad x + 3y + 2z = 180$$
$$(3) \qquad 5x + 4y + 8z = 480$$

Éliminant y entre la 1ère et la 2ème, puis entre la 1ère encore et la 3ème, on a les deux équations :

$$(4) \qquad 11x + z = 540$$
$$(5) \qquad 11x - 4z = 480$$

Éliminant x entre ces deux équations, on obtient :

$$5z = 60$$

d'où

$$z = \frac{60}{5} = 12$$

En substituant cette valeur dans l'équation (4) on aura :

$$11x + 12 = 540$$

d'où

$$11x = 528$$

d'où

$$x = \frac{528}{11} = 48$$

Enfin, mettant pour x et pour y les nombres 48 et 12 dans l'équation (1), on aura :

$$192 + y + 12 = 240$$

d'où

$$y = 36 .$$

Ainsi, comme on peut s'en assurer en faisant la vérification du problème, François avait 48 francs, Louis, 36, et Paul, 12 .

Exercices.

Problèmes du 1er degré à plusieurs inconnues.

148. 23 personnes, hommes et femmes, mangent dans une auberge. L'écot d'un homme est de 0^f.75^c, celui d'une femme de 0^f.55^c. La dépense totale est de 15^f.65^c. Quel est le nombre des hommes et celui des femmes ?

149. Deux frères, Jean et Martin, ont une dette commune de 850 francs. Jean dit à son frère : Si tu me donnes la moitié de l'argent que tu as, je paierai notre dette sur-le-champ. Pierre lui répond : Je pourrai l'acquitter seul aussi, si tu me donnes le tiers de ton argent. On demande combien ils ont l'un et l'autre.

150. Deux jeunes gens s'entretenaient de leur petit pécule. Louis dit à Antoine : Si tu me donnais 3 francs, je serais aussi riche que toi. Antoine lui répondit : je serais trois fois plus riche que toi, si tu me donnais 3 francs. Combien chacun avait-il ?

151. Un marchand a deux espèces de vin, l'un vaut 0^f.80^c le litre, et l'autre 0^f.45^c. Combien doit-il prendre de chacune pour remplir un tonneau de 3 hectolitres qui vaille 168^f.25^c ?

152. Quelqu'un achète une certaine quantité d'oranges et de fromages pour 13 francs. Il paie les oranges à raison de 8 pour un franc et les fromages à raison de 3 pour un franc. Il cède ensuite à son voisin les deux tiers de ses oranges et la moitié de ses fromages pour 7 francs. A ce marché il ne gagne rien. Combien avait-il acheté d'oranges, combien de fromages ?

153. Quelqu'un a acheté plusieurs mètres de drap pour une certaine somme. S'il avait payé le mètre un franc de moins et pris deux mètres de plus, il aurait dépensé 18 francs de plus ; au contraire, il lui aurait fallu 19 francs de moins en prenant deux mètres de plus et en payant le mètre 2 francs de moins. Combien en a-t-il acheté de mètres et quel est le prix du mètre ?

154. Un maçon et son fils ont travaillé à trois reprises différentes chez un aubergiste.

La 1ère fois le père a travaillé 20 jours, le fils 10 ; ils ont acheté à l'aubergiste 30 litres de vin et reçu 75 francs.

La 2ème fois le père a travaillé 6 jours, le fils 8 ; ils ont bu 9 litres de vin et reçu 34 francs.

La 3e fois le père a travaillé 5 jours, le fils 4 ; ils ont bu 15 litres de vin et reçu 19 fr 20 c.

On demande le prix de la journée du père, le prix de celle du fils et le prix du litre de vin.

155. Un général, qui commande trois régiments, l'un d'italiens, l'autre de polonais et le troisième de français, veut donner un assaut avec une partie de ses troupes. Il est chargé de partager une somme de 1802 écus entre les soldats des trois régiments ; mais ceux-ci consentent à ce qu'il soit donné un écu à chaque soldat qui montera à l'assaut, et que le reste soit distribué également entre tous les autres. Or, il se trouve que, si les italiens donnent l'assaut, chaque soldat des autres régiments reçoit un demi-écu ; si les polonais montent à l'assaut, chacun des autres reçoit un tiers d'écu, et si les français livrent l'assaut ; chacun des autres reçoit un quart d'écu. On demande le nombre de soldats de chaque régiment.

156. Alexandre, César et Napoléon ont vécu à eux trois 141 ans. Si le premier était mort quatre ans plus tôt, sa vie eût été la moitié de celle de César, et si Napoléon était mort trois ans plus tard, il aurait vécu autant que César. A quel âge sont morts les trois héros ?

157. Un nombre est composé de trois chiffres dont la somme donne 13. Le chiffre des unités est double de celui des centaines et si l'on ajoute 396 à ce nombre, on obtient une somme qui est le nombre renversé. Quel est ce nombre ?

158. Après une partie trois joueurs comptent leur argent. Jules a perdu ; Pierre et Félix ont gagné chacun une somme égale à celle qu'ils ont mise au jeu.

à une seconde partie Pierre est le perdant et les deux autres gagnent chacun une somme égale à celle qu'ils avaient en commençant cette seconde partie. Enfin, à une 3ᵉ partie, Félix perd et les deux autres doublent l'argent qu'ils avaient en commençant la troisième partie. Alors les trois joueurs se retirent avec chacun 28 francs. Combien avaient-ils avant de jouer ?

159. Un orfèvre a trois lingots, le premier est composé de 120 grammes d'or, 100 d'argent et 80 de cuivre; le second est formé de 110 grammes d'or, 50 d'argent et 40 de cuivre; le troisième est formé de 70 grammes d'or, 20 d'argent et 10 de cuivre. Combien doit-il prendre de chaque lingot pour en faire un quatrième pesant 200 grammes et qui soit composé de 105ᵍ75 d'or, 53ᵍ15 d'argent et 41ᵍ35 de cuivre ?

Chapitre V.
Extraction de la Racine carrée.

107. Extraire la racine carrée d'un nombre, c'est en trouver un autre qui, multiplié une fois par lui-même, reproduise le nombre proposé. Ainsi, extraire la racine de 2025, c'est trouver le nombre 45, qui, multiplié une fois par lui-même, donne 2025.

108. On trouve par la multiplication que les carrés des dix premiers nombres :

$$1 \quad 2 \quad 3 \quad 4 \quad 5 \quad 6 \quad 7 \quad 8 \quad 9 \quad 10$$

sont

$$1 \quad 4 \quad 9 \quad 16 \quad 25 \quad 36 \quad 49 \quad 64 \quad 81 \quad 100$$

109. Puisque pour multiplier une fraction par une fraction il faut multiplier numérateur par numérateur et dénominateur par dénominateur, il est évident que, pour élever une fraction à une puissance quelconque, il suffit d'élever séparément à cette puissance chacun de ses deux termes. Ainsi le carré de $3/5 = \frac{3}{5} \times \frac{3}{5} = \frac{9}{25}$.

110. Cette manière de former les puissances d'une fraction fait voir qu'une puissance quelconque d'une expression fractionnaire irréductible, doit être aussi une expression fractionnaire irréductible. Ainsi, par exemple, le carré de $\frac{9}{8} = \frac{9}{8} \times \frac{9}{8} = \frac{81}{64}$, expression dont les deux termes ne peuvent avoir d'autres facteurs que ceux qui entrent dans 9 et 8; mais ces derniers nombres sont premiers entr'eux; il doit donc en être de même entre 81 et 64. Le même raisonnement s'applique à une puissance quelconque d'une expression fractionnaire.

111. Tous les nombres ne sont donc pas des carrés parfaits et, par conséquent, n'ont pas de racine exacte. Tel est, par exemple, 28 dont la racine carrée ne peut être exprimée exactement par aucun nombre.

En effet, cette racine est plus grande que 5, puisque $5 \times 5 = 25$; elle est plus petite que 6, puisque $6 \times 6 = 36$. Elle ne peut donc pas être exprimée par un nombre entier; elle ne saurait l'être non plus exactement par un nombre fractionnaire exact, puisqu'il faudrait que ce nombre fût tel que son carré fût 28, ce qui est impossible, le carré d'une expression fractionnaire irréductible n'étant jamais un nombre entier (110).

112. Toute quantité est racine, parce qu'on peut toujours multiplier une quantité par elle-même et, par conséquent, former sa puissance; mais toute quantité n'est pas puissance; il est même peu de quantités qui aient des racines exactes.

113. On nomme rationnelles ou commensurables toutes les quantités qui sont des puissances parfaites et qui, par conséquent, ont une racine exacte; et, par opposition, on donne le nom de quantités irrationnelles ou incommensurables à celles qui n'ont pas une racine exacte; ainsi $\sqrt{49}$ est une quantité rationnelle, tandis que $\sqrt{18}$ est une quantité irrationnelle.

Nous verrons que l'on peut extraire la racine des quantités irrationnelles à un degré d'approximation aussi grand que l'on veut; de sorte que tout ce qui sera démontré pour les quantités rationnelles peut être regardé comme démontré pour les quantités irrationnelles.

114. La racine carrée d'un nombre entier plus petit que 100 est moindre que 10, qui est celle de 100. Par conséquent, cette racine, si elle est exacte, se trouve, soit par le tableau précédent (108), soit par la table de Pythagore. Si elle est irrationnelle, on prend celle du plus grand carré parfait contenu dans le nombre proposé, et elle est exacte, à moins d'une unité près.

Ainsi $\sqrt{36} = 6$; $\sqrt{54} = 7$ à moins d'une unité près.

115. Un nombre composé de dizaines et d'unités étant élevé au carré, ce carré se compose de trois parties bien distinctes. Pour les connaître et nous enrendre compte, élevons au carré le binôme $a + b$ et nous aurons :

$$(a+b)^2 = a^2 + 2ab + b^2$$

Or, si dans cette formule nous supposons que a représente des dizaines et b des unités, nous en conclurons que le carré d'un nombre formé de dizaines et d'unités se compose de trois parties bien distinctes, qui sont :

1° Le carré des dizaines, représenté par a^2

2° Deux fois les dizaines, multipliées par les unités, ou $2ab$

3° Le carré des unités ou b^2.

Soit, par exemple, le nombre 43, formé de 4 dizaines et 3 unités, le carré de ce nombre contiendra donc :

1° Le carré des 4 dizaines ou 40^2 ou a^2 . . . . $= 1600$

2° Deux fois les 4 dizaines multipliées par les trois unités ou $2 \times 40 \times 3$, ou $2ab$ . . $= 240$

3° Le carré des trois unités ou 3×3 ou b^2 . . . . . $= 9$

Total ou 43^2 . . . . $= 1849$

Remarque. Les trois produits distincts que nous venons de remarquer se trouvent toujours dans le carré d'un nombre qui a plus d'un chiffre, parce qu'un nombre qui a plus d'un chiffre peut toujours se considérer comme uniquement composé de dizaines et d'unités ; par exemple, 837 renferme 83 dizaines et 7 unités.

116. Proposons-nous maintenant d'extraire la racine carrée du nombre 3249.

$$\begin{array}{r|l} 3249 & 57 \\ 25 & 107 \\ \hline 749 & \\ 749 & \\ \hline 000 & \end{array}$$

Ce nombre ayant plus de deux chiffres, sa racine carrée doit en avoir plus d'un, puisque 100, le plus petit nombre de trois chiffres, donne deux chiffres à sa racine, qui est 10. La racine cherchée aura donc des dizaines. Le nombre 3249 renferme, par conséquent (115), les trois différents produits qui entrent dans le carré d'un nombre composé de dizaines et d'unités, savoir: le carré des dizaines, le double produit des dizaines par les unités et le carré des unités. On a $a^2 + 2ab + b^2$. Remarquons que des dizaines élevées au carré donnent des centaines, puisque $10^2 = 100$. Donc, les deux derniers chiffres à droite, ou 49, ne font pas partie du carré des dizaines de la racine; c'est donc dans 32 qu'il faut chercher a^2 ou le carré du chiffre qui exprime les dizaines de la racine. Or, le plus grand carré parfait contenu dans 32 est 25, dont la racine carrée est 5. Je retranche 25 ou a^2 de 32 et j'ai 7 pour reste; j'abaisse à côté de ce reste les deux chiffres suivants, 49; il en résulte le nombre 749, qui contient les deux autres parties du carré, c'est à dire deux fois les dizaines multipliées par les unités plus le carré des unités ou $2ab + b^2$. Remarquons encore que des dizaines multipliées par des unités donnent toujours au produit au moins des dizaines, donc le chiffre 9 des unités ne peut pas faire partie du produit $2ab$ ou du double des dizaines multipliées par les unités. Je sépare donc ce chiffre. Or, connaissant un produit: 74 dizaines ou $2a \times b$, et l'un de ses facteurs, $2a$ ou 2×5 ou 10 dizaines, en divisant ce produit par le facteur connu, j'obtiendrai l'autre facteur b ou le chiffre des unités. La division donne pour quotient 7, que j'écris à la droite des dizaines 5, et aussi, afin de vérifier s'il est exact, à la droite du nombre 10, double des dizaines, d'où résulte le nombre 107, qui égale le double des dizaines plus les unités ou $2a+b$. Ce nombre, multiplié par 7 ou b, doit reproduire 749 ou $2ab+b^2$, ce qui a lieu; d'où je conclus que 57 est la racine carrée de 3249.

117. Proposons-nous encore d'extraire la racine carrée du nombre 413449 :

$$
\begin{array}{r|l}
413449 & 643 \\
36 & \\ \hline
53\cdot4 & 124 \\
496 & \\ \hline
3849 & 1283 \\
3849 & \\ \hline
0000 &
\end{array}
$$

Le nombre 413449 ayant plus de deux chiffres, sa racine carrée doit en avoir plus d'un, puisque 100, le plus petit nombre de trois chiffres, donne deux chiffres à sa racine qui est 10. La racine cherchée aura donc des dizaines et des unités. Le nombre 413449 renferme, par conséquent (115), les trois différents produits qui entrent dans le carré d'un nombre composé de dizaines et d'unités, savoir : le carré des dizaines, deux fois les dizaines multipliées par les unités, plus le carré des unités ou $a^2+2ab+b^2$. Remarquons que des dizaines élevées au carré donnent toujours au moins des centaines, puisque $10^2=100$; donc, les deux derniers chiffres à droite, ou 49, ne font pas partie du carré des dizaines de la racine, c'est donc 4134 qui contient a^2 ou le carré des dizaines de la racine; mais 4134 ayant lui-même plus de deux chiffres, il faut en conclure que sa racine en aura plus d'un. Elle doit donc être considérée comme composée de dizaines et d'unités. Nous sommes ainsi ramenés à chercher la racine carrée de 4134, quel que soit d'ailleurs l'ordre d'unités que ce nombre exprime. Comme nous l'avons vu plus haut, 34 ne pouvant faire partie du carré des dizaines, c'est donc dans 41 qu'il faut chercher ce carré ou a^2. Le plus grand carré parfait contenu dans 41 est 36 dont la racine carrée est 6. Retranchant 36 de 41 on a 5 pour reste. Si on place 34 à droite de ce reste, on a le nombre 534, que l'on a obtenu en retranchant de 4134 le carré de 6 dizaines ou a^2; par conséquent, le reste 534 contient les deux autres parties du carré, c'est-à-dire deux fois les dizaines multipliées par les unités plus le carré des unités ou $2ab+b^2$. Observons encore que des dizaines multipliées par des unités donnent au moins des dizaines, donc le chiffre 4 des unités ne peut pas faire partie du produit $2ab$ ou du double des dizaines multipliées par les unités; on sépare donc ce chiffre. Or, connaissant un produit: 53 dizaines ou $2a \times b$ et l'un de ses facteurs, $2a$ ou 12 dizaines, en divisant ce produit par le facteur connu, on obtiendra l'autre, b, ou le chiffre des unités. La division donne pour quotient 4, que l'on place à la droite des dizaines de la racine et aussi, afin de vérifier s'il est exact, à la droite du double de ces dizaines, d'où résulte le nombre 124 qui égale le double des dizaines plus les unités ou $2a+b$; ce nombre étant multiplié par 4 ou b, doit reproduire $2ab+b^2$, ou les deux parties renfermées dans 534. Or, ces deux parties, c'est-à-dire le produit de 124 par 4, étant retranchées de 534, donnent pour reste 38. Donc la racine carrée de 4134 forme les dizaines de la racine du nombre 413449. Il faut donc considérer 64 comme exprimant des dizaines; il reste encore à trouver le chiffre des unités. On y parviendra en suivant la marche qui a servi à déterminer le second chiffre 4 de la racine; car, en joignant au reste, 38 centaines, les 49 unités que l'on avait d'abord négligées, on forme le nombre 3849, qui renferme le double des dizaines multipliées par les unités plus le carré des unités. En séparant comme précédemment, et pour la même raison, le chiffre 9 des unités, on a dans 384 le double produit des 64 dizaines multipliées par les unités de la racine; donc, en divisant 384 par le double de 64 ou 128, le chiffre 3, qui vient pour quotient, est le chiffre des unités de la racine. En écrivant ce chiffre à la droite du nombre 128 et multipliant 1283 par 3, on reproduit exactement les deux parties du carré renfermées dans le reste 3849, d'où l'on doit conclure que le nombre 413449 est un carré parfait qui a 643 pour racine.

Si le nombre proposé était plus considérable, les raisonnements et les opérations à effectuer seraient toujours les mêmes.

118. Il est évident, par les principes que nous venons d'exposer, qu'on doit avoir un chiffre à la racine pour chaque tranche qu'on abaisse. Par conséquent, si une des divisions donne zéro pour quotient, il faut l'écrire à la racine. Soit, pour exemple, à extraire la racine carrée du nombre 16040025 :

$$
\begin{array}{r|l}
16.04.00.25 & 4005 \\
16 & 8005 \\
\hline
00\ 0.40025 & \\
40025 & \\
\hline
00000 &
\end{array}
$$

119. De tous les principes que nous avons développés dans les 3 numéros précédents, on peut tirer la règle suivante :

Pour extraire la racine carrée d'un nombre entier qui a plus de deux chiffres, on partage ce nombre en tranches de deux chiffres, en commençant par la droite (la première tranche à gauche peut n'avoir qu'un chiffre) ; cela fait, on prend la racine du plus grand carré contenu dans la première tranche à gauche et l'on écrit cette racine à droite du nombre proposé, en la séparant de ce dernier par un trait vertical, puis on retranche le carré de cette racine de la 1re tranche.

A droite du reste de la soustraction, on abaisse la tranche suivante dont on sépare le dernier chiffre par un point ; on divise la partie qui est à gauche du point par le double de la racine obtenue ; le quotient donne le second chiffre de la racine. Pour vérifier ce quotient on l'écrit encore à la droite du double de la racine ; on multiplie le nombre ainsi formé par ce quotient et l'on retranche le produit de la tranche sur laquelle on vient d'opérer, augmentée du chiffre séparé. Si la soustraction ne peut s'opérer, c'est preuve que le quotient est trop fort, il faut donc le diminuer.

A côté du nouveau reste on abaisse la tranche suivante, dont il faut séparer le dernier chiffre comme précédemment. On divise la partie restante à gauche par le double de la racine déjà obtenue ; le quotient donne le troisième chiffre de la racine. Pour vérifier ce quotient, on l'écrit aussi à droite du double de la racine obtenue précédemment, c'est-à-dire à la droite du diviseur ; on multiplie le nombre ainsi formé par ce troisième chiffre et l'on retranche le produit de la tranche sur laquelle on vient d'opérer, augmentée du chiffre séparé.

A côté du nouveau reste on abaisse la quatrième tranche, et l'on continue d'opérer de la même manière jusqu'à ce que toutes les tranches aient été abaissées.

Si, après avoir abaissé une tranche et séparé le dernier chiffre, la partie restante à gauche ne contient pas le double du nombre déjà écrit à la racine, il faut mettre un zéro à cette racine et abaisser la tranche suivante.

120. Les soustractions qu'il faut faire pour extraire une racine carrée donnent quelquefois des restes tellement forts, qu'on pourrait craindre d'avoir mis à la racine un chiffre trop faible. Voici un moyen pour connaître si réellement ce chiffre est trop faible.

Soit n un nombre entier et $n+1$ un nombre qui a une unité de plus. n, élevé au carré, égale n^2, tandis que $(n+1)^2 = n^2 + 2n + 1$. Ainsi ce dernier carré contient $2n+1$ de plus que l'autre. Donc la différence des carrés de deux nombres entiers consécutifs égale deux fois le petit nombre plus 1. Donc, pour que la racine trouvée soit trop faible, il faut que le dernier reste contienne le double de cette racine plus une unité. Toutes les fois que cette circonstance n'a pas lieu, le reste n'est pas trop fort et le chiffre mis à la racine est exact.

121. On forme le carré d'un nombre décimal en le multipliant une fois par lui-même. Donc, le carré d'un nombre décimal renferme toujours un nombre pair de décimales, c'est-à-dire deux fois autant que la racine.

Ainsi le carré de $3,2 = 3,2 \times 3,2 = 10,24$; celui de $0,25 = 0,0625$.

122. Il suit de là que, pour extraire la racine carrée des nombres décimaux, il faut d'abord faire ensorte que le nombre de décimales soit pair et, par conséquent, lui ajouter un zéro dans le cas où il ne le serait pas; puis on opère comme si le nombre était entier, sans faire attention à la virgule, ensuite l'on sépare sur la droite de la racine trouvée moitié autant de décimales qu'en renfermait le nombre proposé.

Ainsi, pour trouver la racine carrée de $0,0625$, on cherche celle de 625, qui est 25; et, comme il faut séparer deux décimales, on a $\sqrt{0,0625} = 0,25$.

De même pour trouver la racine carrée de $49,431$, on commence par ajouter un zéro à la droite de ce nombre, puis on cherche la racine carrée de 494310, qui est 703, et, séparant deux décimales, on obtient $7,03$, racine exacte à un centième près.

122. Les nombres entiers ou décimaux, qui ne sont pas des carrés parfaits, ne peuvent avoir de racine exacte; dans ce cas on calcule la racine par *approximation*, et l'on approche d'autant plus de sa valeur réelle que l'on pousse l'opération plus loin. Or, les principes que nous avons déjà développés conduisent à la règle suivante:

Pour obtenir par approximation la racine carrée d'un nombre entier ou décimal, on ajoute à sa droite assez de zéros pour que le nombre des décimales soit double de celles qu'on veut avoir à la racine; on efface la virgule, on extrait la racine carrée du nombre et l'on sépare sur la droite de la racine obtenue la moitié des chiffres décimaux que renferme le nombre proposé.

Soit, par exemple, à extraire la racine carrée de $5,7$ à un centième près.

Opération.

```
6.70.00  | 258
  4      |
 27.0    | 45 × 5 = 225
 225     |
 450.0   | 508 × 8 = 4064
4064     |
 436
```

Puisqu'on veut avoir des centièmes à la racine, il faut que le carré ait quatre décimales; on ajoute, par conséquent, trois zéros à la droite du nombre, qui devient 6,7000, puis, effaçant la virgule, on extrait la racine de 67000; on trouve 258, et séparant deux décimales à droite, on a pour véritable racine 2,58 à moins d'un centième.

Soit, pour second exemple, à extraire la racine carrée de 12 à un millième près.

Opération.

```
12.00.00.00  | 3464
  9          |
 30.0        | 64 × 4 = 256
 256         |
 440.0       | 686 × 6 = 4116
4116         |
2840.0       | 6924 × 4 = 27696
27696        |
 704
```

Puisque l'on veut des millièmes à la racine, le carré doit avoir six décimales, on ajoute donc six zéros à la droite de 12 et l'on extrait la racine carrée de 12000000 comme celle d'un nombre entier, on trouve 3464 et séparant trois décimales à droite, on a 3,464, racine carrée de 12, exacte à un millième près.

On trouverait de même que racine carrée de 0,035 à un millième près égale racine carrée de 0,035000 = 0,187.

123. Comme pour élever une fraction ordinaire au carré il faut la multiplier par elle-même une fois ; ainsi $\left(\frac{5}{7}\right)^2 = \frac{5}{7} \times \frac{5}{7} = \frac{25}{49}$; il est évident que, pour avoir la racine carrée d'une fraction dont les deux termes sont des carrés parfaits, il faut prendre la racine du numérateur et celle du dénominateur, ainsi $\sqrt{\frac{25}{49}} = \frac{\sqrt{25}}{\sqrt{49}} = \frac{5}{7}$.

124. Pour avoir, à un degré d'approximation aussi grand qu'on le désire, la racine carrée des fractions ordinaires, dont les deux termes ne sont pas des carrés parfaits, il suffit de réduire ces fractions en fractions décimales en poussant le quotient jusqu'à un nombre de chiffres décimaux double de celui qu'on veut avoir à la racine ; on extrait ensuite la racine carrée de cette fraction décimale. — Ainsi, pour avoir la racine carrée de 5/12 à moins de 0,001 près, on réduit cette fraction en fraction décimale, ce qui donne : $\sqrt{5/12} = \sqrt{0,416666} = 0,645$; de même, racine carrée de $2 + 5/8$ à moins de 0,01 $= \sqrt{2,6250} = 1,62$.

125. La définition, que nous avons donnée en arithmétique, de la multiplication, nous a fait voir qu'en multipliant une fraction par une fraction, on obtient un produit qui n'est qu'une fraction de fraction ; il résulte de là que le carré d'une fraction proprement dite est toujours moindre que cette fraction ; donc, aussi, une fraction est toujours plus petite que sa racine carrée.

Exercices.

160. $\sqrt{2916}$. $\quad \sqrt{8649}$. $\quad \sqrt{104976}$. $\quad \sqrt{654481}$.

161. $\sqrt{418609}$. $\quad \sqrt{738544}$. $\quad \sqrt{28217344}$. $\quad \sqrt{49112064}$.

162. $\sqrt{216225}$. $\quad \sqrt{28536281}$. $\quad \sqrt{16040025}$. $\quad \sqrt{52027369}$.

163. $\sqrt{18,49}$. $\quad \sqrt{0,0196}$. $\quad \sqrt{28,8369}$. $\quad \sqrt{0,00000196}$.

164. $\sqrt{3}$. $\quad \sqrt{2}$. $\quad \sqrt{5,15}$. $\quad \sqrt{0,671}$ à 0,01 près.

165. $\sqrt{8,05}$. $\sqrt{0,0017}$ $\sqrt{192}$. $\sqrt{0,00007}$ à 0,001 près.

166. $\sqrt{\frac{64}{81}}$. $\sqrt{\frac{25}{36}}$ $\sqrt{\frac{4}{9}}$: $\sqrt{\frac{1}{49}}$.

167. $\sqrt{3/11}$: $\sqrt{\frac{7}{13}}$. $\sqrt{\frac{1}{5}}$. $\sqrt{3+\frac{11}{17}}$ à 0,01 près.

168. $\sqrt{\frac{15}{19}}$. $\sqrt{20\,5/8}$. $\sqrt{\frac{2}{37}}$ $\sqrt{0,00043}$ à 0,001 près.

169. $\sqrt{31}$: $\sqrt{0,49}$: $\sqrt{\frac{12}{13}}$ $\sqrt{50,05}$ à 0,0001 près.

Chapitre VI.

Équations du second degré.

§ I. Équations incomplètes.

126. Il y a deux espèces d'équations du second degré à une inconnue : celles qui ne contiennent que le carré de l'inconnue et que l'on nomme *équations incomplètes* ou *à deux termes*, comme $ax^2 = c$ et celles qui contiennent l'inconnue à la seconde et à la première puissance, et que l'on nomme *équations complètes* ou *à trois termes*, comme $ax^2 + bx = c$.

127. Pour résoudre une équation incomplète du second degré, on commence par faire les transpositions, réductions et éliminations des dénominateurs, comme dans l'équation du premier degré ; l'on ramène ainsi l'équation à la forme $ax^2 = c$; l'on divise ensuite les deux membres par le coefficient de l'inconnue et l'on a $x^2 = \frac{c}{a}$. Il suffit alors de prendre la racine carrée de chaque membre, car deux quantités étant égales, leurs racines sont évidemment égales — On a donc $x = \pm \sqrt{\frac{c}{a}}$.

Le dernier membre de cette équation a été affecté du double signe $\pm$ parce que, comme nous l'avons vu (41) — X — donne $+$ aussi bien que $+ \times +$. C'est donc une règle générale qu'il faut donner à la racine carrée d'une quantité quelconque le double signe $\pm$.

Remarque 1ʳᵉ. On aurait pu, pour la même raison, affecter le premier membre de cette équation du double signe $\pm$ et écrire $\pm x = \pm \sqrt{\dfrac{c}{a}}$, mais il faut observer qu'en établissant l'équation, l'inconnue ayant été représentée par la lettre x, sans aucun signe ou avec le signe $+$, c'est la valeur de x que l'on cherche et non celle de $-x$. On voit par là que les équations du second degré donnent deux solutions, mais le plus souvent on n'en conserve qu'une, l'autre étant exclue par le sens de la question.

Remarque 2ᵉ. Dans l'équation incomplète $ax^2 = c$, ainsi que dans l'équation complète $ax^2 + bx = c$, le terme ax^2, c'est à dire le terme qui contient l'inconnue à la seconde puissance, est toujours supposé positif, car s'il ne l'était pas d'abord, il le deviendrait en changeant tous les signes de l'équation (87).

128. Toutes les fois que le premier membre d'une équation du second degré étant positif, le second est négatif, on est conduit à extraire la racine carrée d'une quantité négative. Or, ce sont ces racines carrées des quantités négatives qu'on nomme *Quantités imaginaires*.

Soit par exemple l'équation :

$$3x^2 = -75$$

elle devient successivement :

$$x^2 = -\frac{75}{3}$$
$$x^2 = -25$$
$$x = \pm \sqrt{-25}$$

Or, la racine carrée de -25 est un nombre impossible, car il n'existe pas de nombre qui, multiplié par lui-même, donne une quantité négative. Quand on arrive à un pareil résultat, c'est preuve que l'équation ou le problème dont elle est la traduction algébrique, ne peut avoir de solution dans le sens de son énoncé qui, par conséquent, doit être modifié.

129. Les principes que nous venons d'exposer suffiront pour résoudre les équations incomplètes du second degré.

Exercices.

170. Quel est le nombre dont trois fois le carré égale 507 ?

171. Quel est le nombre dont seize fois le carré égale 1,96 ?

172. Un général ayant 6724 soldats veut former un bataillon carré ; combien chaque rang aura-t-il de soldats ?

173. Un général veut, avec 5776 soldats, former un bataillon, tel que le front soit quadruple du flanc ; combien doit-il mettre d'hommes de flanc, combien de front ?

174. $\dfrac{3x^2}{4} + 6 = \dfrac{x^2}{2} + 15$

175. $\dfrac{x^2}{3} - 3 + \dfrac{5x^2}{12} = \dfrac{7}{24} - x^2 + \dfrac{299}{24}$

176. $\dfrac{18x - 36}{5x} = \dfrac{2x}{x+2}$

177. $(2x+7)(2x-7) = (x+1)(x-1)$

178. $\dfrac{(x-2)(x+2)}{5} = \left(\dfrac{x}{3}\right)^2$

---

§II. Équations complètes du second degré.

130. Développons maintenant les principes par lesquels on peut résoudre les équations complètes du second degré. Reprenons l'équation $ax^2 + bx = c$. En divisant tous les termes de cette équation par a, coefficient de x^2, nous aurons :

$$x^2 + \frac{bx}{a} = \frac{c}{a}$$

Et si, pour abréger, nous faisons $\dfrac{b}{a} = p$ et $\dfrac{c}{a} = q$, nous obtenons :

$$x^2 + px = q$$

qui est la forme à laquelle on doit toujours ramener une équation complète du second degré pour la résoudre plus commodément ; p et q étant des quantités connues positives ou négatives, entières ou fractionnaires. Or, pour parvenir à cette forme, après avoir fait disparaître les dénominateurs et transposé les termes, il faut encore 1°. Si x^2 est négatif le rendre positif en changeant tous les signes de l'équation, 2°. Si x^2 a un coefficient le faire disparaître en divisant tous les termes par ce coefficient.

Soit proposée, par exemple, l'équation : $4x - \dfrac{3x^2}{5} = 10 - x$

En faisant disparaître le dénominateur 5 on aura :

$$20x - 3x^2 = 50 - 5x$$

après transpositions et réductions : $\qquad 25x - 3x^2 = 50$

En changeant les signes on obtient : $\qquad 3x^2 - 25x = -50$

En divisant par le coefficient de x^2 on a : $\quad x^2 - \dfrac{25x}{3} = -\dfrac{50}{3}$

En faisant $p = -\dfrac{25}{3}$ et $q = -\dfrac{50}{3}$ cette dernière équation est évidemment ramenée à la formule $x^2 + px = q$.

131. Pour obtenir la valeur de l'inconnue dans une équation complète du second degré, il suffit donc de savoir résoudre l'équation générale $x^2 + px = q$.

Observons d'abord que, px n'étant autre chose que $2x \times \dfrac{p}{2}$, cette équation peut s'écrire de la manière suivante : $\qquad x^2 + 2x\dfrac{p}{2} = q$

Or, d'après ce que nous avons dit (n°. 46), on voit de suite que le premier membre $x^2 + 2x\dfrac{p}{2}$ fait partie du carré du binôme $x + \dfrac{p}{2}$; le troisième terme de ce carré étant le carré de $\dfrac{p}{2}$, ou $\dfrac{p^2}{4}$, si nous l'ajoutons aux deux membres de notre équation, ce qui ne l'altère pas, nous aurons :

$$x^2 + 2x\dfrac{p}{2} + \dfrac{p^2}{4} = q + \dfrac{p^2}{4}$$

Le premier membre de cette dernière équation étant le carré du binôme $x + \dfrac{p}{2}$, cette équation revient à celle-ci : $\qquad \left(x + \dfrac{p}{2}\right)^2 = q + \dfrac{p^2}{4}$

En prenant la racine carrée des deux membres on obtient :

$$x + \dfrac{p}{2} = \pm\sqrt{q + \dfrac{p^2}{4}}$$

Si nous transposons dans le second membre le terme connu $\dfrac{p}{2}$, qui prendra ainsi un signe contraire à celui qu'il avait, nous aurons la solution et la formule

$$x = -\dfrac{p}{2} \pm\sqrt{q + \dfrac{p^2}{4}}$$

Cette dernière formule nous apprend en premier lieu que l'équation complète du second degré a toujours deux solutions et en second lieu que, lorsque cette équation est ramenée à la forme $x^2 + px = q$, l'inconnue est égale à la moitié du coefficient du second terme pris en signe contraire plus ou moins la racine carrée de la somme qu'on obtient en ajoutant au carré de ce demi-coefficient le terme tiers comme pris avec le signe qu'il a dans le second membre de l'équation.

132. Comme il est très important que les élèves comprennent bien cette règle, pour la fixer dans leur mémoire nous allons traiter quelques problèmes dont les solutions conduisent à des équations complètes du second degré.

I. Trouver un nombre tel qu'en l'ajoutant huit fois à son carré la somme soit 209.

x désignant le nombre cherché, l'équation sera évidemment :

$$x^2 + 8x = 209$$

appliquant à cette équation la formule $x^2 + px = q$

on obtient

$$x = -4 \pm \sqrt{209 + 16}$$

ou

$$x = -4 \pm \sqrt{225}$$

d'où enfin

$$x = 11$$

$$x = -19$$

La valeur positive de x résout le problème tel qu'il a été énoncé puisque

$$x^2 = 121$$

$$8x = 88$$

$$\text{Somme} = 209$$

Quant à la seconde valeur, comme elle est affectée du signe —, le terme $8x$ devenant $8x = -19$ ou -152, produit qui doit être retranché de x^2, en sorte que l'énoncé de la question résolue par le nombre 19 est celui-ci : Trouver un nombre tel qu'en le retranchant 8 fois de son carré la différence soit 209.

C'est ainsi que la valeur négative indique de quelle manière il faudrait modifier l'énoncé du problème.

Remarque 1re. — Quelquefois l'énoncé qui mène à une équation complète du second degré est susceptible de deux solutions — alors la double valeur positive de l'inconnue fournit ces deux solutions comme dans l'exemple suivant :

II. Trouver un nombre tel qu'en ajoutant 24 à son carré, la somme soit égale à 14 fois ce nombre.

Désignant par x le nombre cherché l'équation du problème sera :

$$x^2 + 24 = 14\,x$$

ou
$$x^2 - 14\,x = -24$$

d'où
$$x = 7 \pm \sqrt{-24 + 49}$$

ou
$$x = 7 \pm \sqrt{25}$$

et enfin
$$x = 12 \qquad x = 2$$

Il y a donc deux nombres positifs, 12 et 2, qui satisfont à l'énoncé du problème.

Remarque 2e. — Lorsque les deux valeurs trouvées sont négatives, c'est une preuve que le problème ne peut être résolu dans le sens de son énoncé ; cet énoncé doit donc être modifié. Tel serait l'énoncé qui aurait donné l'équation suivante :

$$x^2 + 4\,x + 8 = 5$$

équation où l'on trouverait
$$x = -1 \qquad x = -3$$

III. On a acheté plusieurs mètres de drap pour 360 francs ; si l'on avait acheté pour la même somme 4 mètres de plus, le mètre aurait coûté 3 francs de moins. Combien a-t-on acheté de mètres ?

Soit x le nombre cherché ; le prix du mètre sera $\dfrac{360}{x}$; si l'acheteur avait eu $x + 4$ mètres pour 360 francs, le prix du mètre serait $\dfrac{360}{x+4}$, et, puisque dans ce cas le mètre aurait coûté 3 francs de moins, on a l'équation

$$\frac{360}{x} = \frac{360}{x+4} + 3$$

Après réduction au même dénominateur, qu'il est inutile d'écrire, on obtient :

$$360\,x + 1440 = 360\,x + 3x^2 + 12\,x$$

d'où l'on tire successivement
$$x^2 + 4\,x = 480$$

$$x = -2 \pm \sqrt{480 + 4}$$

$$x = 20 \qquad x = -24$$

La valeur positive $x = 20$ satisfait directement à la question, comme il est facile de le vérifier. La valeur négative -24 fait connaître que le nombre 24 serait une solution si l'on modifiait la question de manière qu'elle se traduisît par l'équation

$$\frac{360}{-x} = \frac{360}{-x+4} + 3 \quad \text{ou en changeant les signes} \quad \frac{360}{x} = \frac{360}{x-4} - 3$$

Il faudrait alors énoncer le problème de la manière suivante : On a acheté plusieurs mètres de drap pour 360 francs ; si pour le même prix on avait eu 4 mètres de moins, le mètre aurait coûté 3 francs de plus — Combien a-t-on de mètres ?

En résolvant l'équation fournie par cet énoncé on trouverait $x = 24$, $x = -20$.

$IV.$ Supposons enfin que l'énoncé d'un problème ait donné l'équation suivante :

$$x + 2 = \frac{4x - 10}{x}$$

En opérant les transformations nécessaires pour la ramener à la formule $x^2 + px = q$, on obtient successivement :

$$x^2 + 2x = 4x - 10$$

$$x^2 - 2x = -10$$

$$x = 1 \pm \sqrt{-10 + 1}$$

$$x = 1 \pm \sqrt{-9}$$

Le radical renfermant une quantité négative, la valeur de ce radical est imaginaire (n° 128); par suite les valeurs ou les racines cherchées le sont aussi et l'équation est *impossible*.

Exercices et problèmes sur les équations du second degré.

Résoudre les équations suivantes :

179. $\quad 2x^2 - 3x = 1274$

180. $\quad \dfrac{4}{x-1} + 1 = \dfrac{15}{x+2}$

181. $\quad \dfrac{5x^2}{6} + \dfrac{3}{4} - 8 = \dfrac{x}{2} - x^2 + \dfrac{273}{12} - \dfrac{2x}{3}$

182. $\quad \dfrac{2x+6}{5} = \dfrac{x+23}{x-12}$

183. $\quad \dfrac{x+6}{x-9} + 10 = \dfrac{2x}{x-12} + 8$

184. $$\frac{x}{3} + \frac{3}{x} = \frac{x+3}{3x}$$

185. $$\frac{3x^2 - x - 1}{4 - x} = 0$$

186. $$\frac{(x+2)(x-1)}{3x} = \frac{x-1}{5}$$

Problèmes.

187. Partager le nombre 40 en deux parties dont le produit soit 231.

188. Des voyageurs louent une voiture pour 48f 60c. Arrivés au terme du voyage, trois d'entre eux s'échappent sans payer et augmentent par leur fuite de 2f 70c ce que chacun avait à payer. On demande combien il y avait de voyageurs en tout?

189. Par quel nombre faut-il diviser 172 pour que le diviseur augmenté du quotient donne 22?

190. On avait servi 9 litres de vin pour un dîner, mais il est arrivé trois convives qu'on n'attendait pas; de sorte que chacun a eu pour sa part de vin 0l 15 de moins - On demande combien de personnes avaient été invitées?

191. Une pièce de drap vaut 125 francs; une pièce de velours, qui a deux mètres de moins, vaut 160 francs - Pour 90 francs on a 4 mètres de drap et 2 mètres de velours - On demande la longueur de chaque pièce et le prix du mètre de chaque étoffe.

192. Deux marchands vendent du drap à des prix différents - Jean vend 5 mètres de plus que Pierre, et les produits qu'ils en retirent forment ensemble 900 francs. Pierre dit à Jean: J'aurai retiré de la quantité de mètres que vous avez vendue 405 francs; Jean répond: Et moi, j'aurai retiré de ce que vous avez vendu 480 francs - Combien de mètres chacun a-t-il vendu?

193. Un homme a acheté une montre qu'il revend pour 21 francs. A cette vente il perd autant pour 100 du prix de son achat que la montre lui a coûté. On demande combien il l'avait achetée.

Chapitre VII.

Extraction de la racine cubique.

133. Extraire la racine cubique d'un nombre, c'est trouver un nombre qui, multiplié deux fois par lui-même, reproduise le nombre proposé. Ainsi, extraire la racine cubique de 1728, c'est trouver le nombre 12, parce que $12 \times 12 \times 12 = 1728$.

134. Les 10 premiers nombres : 1 2 3   4   5   6   7   8   9   10
ont pour cubes :   1 8 27 64 125 216 343 512 729 1000

135. Tous les nombres ne sont pas des cubes parfaits et, par conséquent, n'ont pas de racine cubique exacte. 40, par exemple, qui tombe entre 27 et 64, doit avoir une racine cubique plus grande que 27 et plus petite que 64. Cette racine est donc comprise entre 3 et 4. S'il était possible de l'exprimer exactement, elle serait 3 plus une fraction ; mais les nombres qui ne sont pas des cubes parfaits n'ont pas de racine cubique exacte. Ainsi il n'y a pas de nombre entier ni fractionnaire qui, multiplié deux fois par lui-même donne 40. Nous verrons que l'on peut approcher cependant aussi près que l'on veut de cette racine sans jamais l'obtenir.

136. La racine cubique d'un nombre entier plus petit que 1000 est moindre que 10, qui est celle de 1000. Par conséquent, cette racine, si elle est exacte, se trouve par le tableau précédent (134.). Si elle est irrationnelle, on prendra celle du plus grand cube parfait renfermé dans le nombre proposé et elle sera exacte à moins d'une unité près.

137. Pour connaître les parties que contient le cube d'un nombre composé de dizaines et d'unités, élevons au cube le binôme $a + b$ et nous aurons :

$$(a + b)^3 = a^3 + 3a^2 b + 3ab^2 + b^3.$$

Or, si dans cette formule nous supposons que a représente des dizaines et b des unités, nous en conclurons que le cube d'un nombre composé de dizaines et d'unités se compose de quatre parties bien distinctes, qui sont 1°. le cube des dizaines, représenté par a^3; 2°. trois fois le carré des dizaines multiplié par les unités ou $3a^2b$; 3°. trois fois les dizaines multipliées par le carré des unités ou $3ab^2$; 4°. le cube des unités ou b^3.

Soit, par exemple, le nombre 24, formé de deux dizaines et de quatre unités; Le cube de ce nombre contiendra:

$$
\begin{aligned}
&1°.\ \text{le cube de 20 ou } 20 \times 20 \times 20 \text{ ou} \ldots\ldots\ldots\ldots\ a^3 &&= 8000 \\
&2°.\ 3 \text{ fois le carré de 20 multiplié par 4 ou } 3 \times 20^2 \times 4 \text{ ou } 3a^2b &&= 4800 \\
&3°.\ 3 \text{ fois 20 multiplié par le carré de 4 ou } 3 \times 20 \times 4^2 \text{ ou } 3ab^2 &&= 960 \\
&4°.\ \text{Le cube de 4 ou } 4 \times 4 \times 4 \text{ ou } \ldots\ldots\ldots\ b^3 &&= 64 \\
&\text{Total ou } 24^3 \ldots\ldots\ldots\ldots &&= 13824
\end{aligned}
$$

Les quatre produits distincts que nous venons de remarquer se trouveront toujours dans le cube d'un nombre qui a plus d'un chiffre, parce qu'un nombre qui a plus d'un chiffre peut toujours être considéré comme uniquement composé de dizaines et d'unités; par exemple 837 renferme 83 dizaines et sept unités.

138. Proposons-nous d'extraire la racine cubique du nombre 76765625

$$
\begin{array}{r|l}
\cdot 76'765'625 & 425 \\
64 & \\ \hline
127{,}65 & 4^2 \times 3 = 48 \\
42^3 = 74088 & \\ \hline
2677625 & 1764^2 \times 3 = 5292 \\
425^3 = 76765625 & \\ \hline
000 &
\end{array}
$$

Le nombre 76765625 ayant plus de trois chiffres, sa racine cubique doit en avoir plus d'un; puisque 1000, le plus petit nombre de quatre chiffres, donne deux chiffres à sa racine qui est 10, la racine cherchée aura donc des dizaines et des unités et le nombre 76765625 renferme, par conséquent (137) les quatre produits qui entrent dans le cube d'un nombre composé de dizaines et d'unités, savoir:

le cube des dizaines, plus trois fois le carré des dizaines multiplié par les unités, plus trois fois les dizaines multipliées par le carré des unités, plus enfin le cube des unités ou $a^3 + 3a^2b + 3ab^2 + b^3$. Remarquons que des dizaines élevées au cube donnent toujours des mille, puisque $10^3 = 1000$. Donc les trois derniers chiffres à droite ou 625 ne font pas partie du cube des dizaines de la racine; c'est donc 76765 qui contient a^3 ou le cube des dizaines de la racine. Mais 76765 ayant lui-même plus de trois chiffres, il faut en conclure que sa racine en aura plus d'un; elle doit donc être considérée comme composée de dizaines et d'unités. Nous sommes ainsi ramenés à chercher la racine cubique de 76765 sans considérer l'ordre d'unités que ce nombre exprime. Comme nous l'avons vu plus haut 765 ne pouvant faire partie du cube des dizaines, c'est dans 76 qu'il faut chercher ce cube ou a^3. Or, le plus grand cube parfait contenu dans 76 est 64 dont la racine cubique est 4; retranchant 64 de 76 on a 12 pour reste. Si l'on place 765 à droite de ce reste on aura le nombre 12765, que l'on a obtenu en retranchant de 76765 le cube des dizaines ou a^3. Par conséquent, le reste 12765 contient les trois autres parties du cube, c'est-à-dire trois fois le carré des dizaines multiplié par les unités, plus trois fois les dizaines multipliées par le carré des unités, plus le cube des unités ou $3a^2b + 3ab^2 + b^3$. Nous savons que des dizaines élevées au carré donnent des centaines; donc les deux derniers chiffres du nombre 12765 ou 65 ne peuvent pas faire partie du produit $3a^2b$. On sépare donc ces deux derniers chiffres; or, connaissant un produit 127 centaines ou $3a^2 \times b$ et l'un de ces facteurs $3a^2$ ou 4 dizaines élevées au carré et multipliées par 3, en divisant ce produit par l'un de ses facteurs on obtiendra l'autre ou b, chiffre des unités. La division de 127 par 48 donne pour quotient 2 que l'on place à la droite des dizaines. Afin de vérifier si ce chiffre est exact il faut élever 42 au cube et retrancher ce cube des deux premières tranches à gauche ou de 76765; la soustraction donne pour reste 2677, donc la racine cubique de 76765 est 42 avec un reste 2677. Il est évident que cette racine forme les dizaines de la racine totale du nombre 76765625. Il faut donc considérer 42 comme exprimant des dizaines; il reste à trouver le chiffre des unités ; on y parviendra en suivant la marche qui a servi à déterminer le second chiffre ou 2, car, en joignant au reste 2677 mille, les 625 unités qu'on avait d'abord négligées, on forme le nombre 2677625 qui renferme trois fois le carré des dizaines multiplié par les unités, plus trois fois les dizaines multipliées par le carré des unités, plus le cube des unités. En séparant comme précédemment, et pour la même raison, les deux derniers chiffres 25, on a dans 26776 trois fois le carré des dizaines multiplié par les unités ; donc en divisant 26776 par $42^2 \times 3$ ou 5292, le chiffre 5 qui vient pour quotient sera le chiffre des unités de la racine. — Pour en faire la preuve il faut élever 425 au cube et retrancher ce cube de 76765625 ; la soustraction donne 0 pour reste.

76765625 est un cube parfait dont la racine est 425.

Si le nombre proposé était plus considérable, les raisonnements et les opérations à effectuer seraient toujours les mêmes. —

Remarque. Il est évident, par les principes précédents, qu'on doit avoir un chiffre à la racine pour chaque tranche qu'on abaisse ; par conséquent, si l'une des divisions donne 0 pour quotient, il faut l'écrire à la racine, puis descendre la tranche suivante et opérer sur cette tranche réunie au reste comme sur les précédentes, soit, par exemple, à extraire la racine cubique du nombre 8036054027 :

$$
\begin{array}{r|l}
8'036'054'027 & 2003 \\
\hline
8 & \\
\overline{0,036\rho,540,27} & 2^2 \times 3 = 12 \\
8\,036\,54027 & 20^2 \times 3 = 1200 \\
\hline
0000 & 200^2 \times 3 = 120000
\end{array}
$$

$2003^3 =$

Nous ne donnerons pas de règle générale pour extraire la racine cubique d'un nombre entier qui a plus de trois chiffres, l'exemple ci-dessus peut en tenir lieu.

139. Les restes que l'on trouve dans l'extraction de la racine cubique sont quelquefois tellement forts que l'on peut craindre d'avoir mis à la racine un chiffre trop faible. Voici un moyen bien simple pour s'assurer que le chiffre des unités n'est pas réellement trop faible. Soit n un nombre entier et $n+1$ un nombre qui a une unité de plus. N élevé au cube donne n^3 tandis que $(n+1)^3 = n^3 + 3n^2 + 3n + 1$. Ainsi ce dernier cube contient $3n^2 + 3n + 1$ de plus que l'autre. Donc, la différence des cubes de deux nombres entiers consécutifs égale trois fois le carré du petit nombre, plus trois fois le petit nombre plus 1. Donc, pour que la racine trouvée soit trop faible, il faut que le reste contienne trois fois le carré de cette racine, plus trois fois cette racine plus 1. Toutes les fois que cette circonstance n'aura pas lieu le reste ne sera pas trop fort et le chiffre mis à la racine sera bon.

140. On forme le cube d'un nombre décimal en le multipliant deux fois par lui-même, abstraction faite de la virgule, et en séparant à la droite du produit trois fois autant de chiffres décimaux qu'il y en a dans le nombre dont on a formé le cube. Donc, pour extraire la racine cubique d'un nombre décimal, on opérera comme si le nombre était entier et, la racine obtenue, on séparera sur sa droite un nombre de chiffres décimaux qui soit le tiers des chiffres décimaux du nombre proposé. Ainsi :

$$\sqrt[3]{233,744896} = 6,16.$$

Si le nombre des chiffres décimaux n'était pas un multiple de 3 on ramènerait ce cas au précédent en ajoutant un ou deux zéros selon qu'il serait nécessaire. Ainsi $\sqrt[3]{0,6612} = \sqrt[3]{661200} = 0,87$, à moins de 0,01 près —

On l'aurait obtenue à 0,001 près en ajoutant autres trois zéros ; d'où l'on voit qu'il faut que le nombre décimal dont on veut extraire la racine cubique ait trois fois autant de décimales qu'on en veut à la racine.

141. La racine cubique des nombres qui ne sont pas des cubes parfaits s'obtient à un degré d'approximation aussi grand qu'on le veut en convertissant ces entiers en nombres fractionnaires décimaux. Il suffit pour cela d'ajouter à leur droite trois fois autant de zéros qu'on désire de décimales à la racine. Ainsi $\sqrt[3]{79}$ à moins de 0,01 près $= \sqrt[3]{79,000000} = 4,29$.

142. Comme pour élever une fraction au cube il est nécessaire de la multiplier deux fois par elle-même, ainsi $(3/4)^3 = 3/4 \times 3/4 \times 3/4 = \dfrac{27}{64}$, il est évident que, pour avoir la racine cubique d'une fraction dont les deux termes sont des cubes parfaits, il faut extraire la racine du numérateur et celle du dénominateur. Ainsi $\sqrt[3]{\dfrac{125}{216}} = \dfrac{\sqrt[3]{125}}{\sqrt[3]{216}} = \dfrac{5}{6}$.

143. Pour avoir à un degré d'approximation aussi grand qu'on le veut la racine cubique des fractions dont les deux termes ne sont pas des cubes parfaits, il suffit de réduire ces fractions en fractions décimales en poussant le quotient jusqu'à un nombre de chiffres décimaux triple de celui qu'on veut avoir à la racine ; on extrait ensuite la racine cubique de cette fraction décimale. Ainsi, pour avoir la racine cubique de 5/7 à moins de 0,01 près, je convertis cette fraction en fraction décimale et j'ai $\sqrt[3]{5/7} = \sqrt[3]{0,714285} = 0,89$. De même $\sqrt[3]{76 + \dfrac{49}{53}} = \sqrt[3]{76,924528} = 4,25$ à moins de 0,01 près.

Exercices sur l'extraction de la racine cubique.

194. $\sqrt[3]{91125}$.　$\sqrt[3]{185193}$.　$\sqrt[3]{250047}$.　$\sqrt[3]{804357}$.　$\sqrt[3]{9936375}$.

195. $\sqrt[3]{270\ 840023}$.　$\sqrt[3]{1522733304}$.　$\sqrt[3]{3564008429}$.　$\sqrt[3]{116375}$.

196. $\sqrt[3]{382657176}.$ $\sqrt[3]{141665198597}.$ $\sqrt[3]{2198020092875}.$ $\sqrt[3]{513537536572}$

197. $\sqrt[3]{79,507}.$ $\sqrt[3]{37025,927037}.$ $\sqrt[3]{41,063625}.$ $\sqrt[3]{474,552}$

198. $\sqrt[3]{17}.$ $\sqrt[3]{75}.$ $\sqrt[3]{597}.$ $\sqrt[3]{99803}.$ $\sqrt[3]{5}$ à 0,01 près

199. $\sqrt[3]{13,45}.$ $\sqrt[3]{0,09}.$ $\sqrt[3]{0,0038}.$ $\sqrt[3]{10,32}$ à 0,01 près

200. $\sqrt[3]{3}.$ $\sqrt[3]{12,0875}.$ $\sqrt[3]{4,0023}.$ $\sqrt[3]{0,0005}$ à 0,001 près

201. $\sqrt[3]{\dfrac{27}{125}}.$ $\sqrt[3]{\dfrac{343}{729}}.$ $\sqrt[3]{\dfrac{1331}{1000}}$ —

202. $\sqrt[3]{5/12}.$ $\sqrt[3]{\dfrac{17}{20}}.$ $\sqrt[3]{3/4}.$ $\sqrt[3]{7\,3/4}.$ $\sqrt[3]{20\,2/3}$ à 0,01 près.

Chapitre VIII.

Proportions.

144. On appelle *rapport* ou *raison* de deux quantités en mathématiques le résultat de la comparaison de ces deux quantités. Ces deux mots: rapport ou raison, qui sont synonimes en mathématiques, expriment l'idée qu'on se fait d'une grandeur par le moyen d'une autre grandeur à laquelle on le compare et qui doit être essentiellement de même espèce.

145. Il y a deux espèces de rapports, puisqu'il y a deux manières de comparer deux quantités entr'elles —

1) Si l'on compare deux quantités pour savoir de combien l'une surpasse l'autre, le résultat de cette comparaison s'appelle *rapport par différence* ou simplement *différence*. Ainsi, lorsqu'on compare 14 à 8, pour savoir de combien 14 surpasse 8, le résultat 6 est la différence ou le rapport par différence de 14 à 8. On voit qu'il faut effectuer une soustraction pour évaluer le rapport par différence.

Si l'on compare deux grandeurs pour savoir combien de fois l'une contient l'autre,

Le résultat de cette comparaison s'appelle rapport par quotient ou simplement quotient. Ainsi, lorsque l'on compare 15 à 3, pour connaître combien de fois 15 contient 3, le résultat 5 est le rapport par quotient. Nous ne parlerons que de ce dernier rapport dont la connaissance est indispensable pour l'étude de la géométrie. Ainsi, lorsque nous emploierons les mots rapport ou raison, nous désignerons toujours le quotient de la division de deux quantités.

146. On appelle *Proportion* l'ensemble de quatre quantités donnant deux quotients égaux. Ainsi le rapport de 12 à 4 étant égal à celui de 15 à 5, les quatre nombres 12, 4, 15, 5 formeront une proportion que l'on écrit ainsi :

$$12 : 4 :: 15 : 5$$

et qui s'énonce 12 est à 4 comme 15 est à 5 ; c'est-à-dire que le quotient de 12 par 4 égale celui de 15 par 5. Il est donc évident qu'on peut encore écrire cette proportion sous la forme $\frac{12}{4} = \frac{15}{5}$, qui indique très bien l'égalité des deux rapports.

147. Lorsque quatre quantités sont en proportion, le rapport commun qui existe entre les deux premiers termes et entre les deux derniers peut être un nombre entier ou un nombre fractionnaire ou une fraction proprement dite ; Ainsi :

dans la proportion $16 : 8 :: 14 : 7$ le rapport commun est le nombre entier 2

dans la proportion $3 : 2 :: 6 : 4$ le rapport commun est le nombre fractionnaire $\frac{3}{2} = \frac{6}{4}$

dans la proportion $5 : 6 :: 10 : 12$ le rapport commun est la fraction $5/6 = \frac{10}{12}$.

148. Dans toute proportion les termes du premier rapport s'appellent 1er antécédent et 1er conséquent et ceux du second rapport 2e antécédent et 2e conséquent.

Le premier et le dernier terme se nomment aussi les deux extrêmes, le 2e et le 3e les deux moyens.

149. *Propriété fondamentale des proportions.* — Dans toute proportion le produit des extrêmes est égal au produit des moyens.

En effet, soit la proportion $a : b :: c : d$; on peut l'écrire sous la forme équivalente $\frac{a}{b} = \frac{c}{d}$. En réduisant au même dénominateur on trouve $\frac{ad}{bd} = \frac{bc}{bd}$; et, en faisant disparaître le dénominateur commun, il vient $ad = bc$, ce qu'il fallait démontrer.

150. *Réciproquement.* — Lorsque quatre quantités sont telles que le produit des extrêmes égale celui des moyens, ces quatre quantités forment une proportion.

En effet, soient les quatre quantités a, b, c, d, et supposons que $ad = bc$, si l'on divise les deux membres de l'équation par bd, produit de la 2ᵉ et de la 4ᵉ quantité, on aura : $\dfrac{ad}{bd} = \dfrac{bc}{bd}$ et si l'on réduit ces deux fractions à leur plus simple expression ou : $\dfrac{a}{b} = \dfrac{c}{d}$, ce qui donne la proportion : $a : b :: c : d$, c'est ce qu'il fallait démontrer.

Il suit de là que pour s'assurer de l'exactitude d'une proportion, il suffit de reconnaître que le produit des *extrêmes* est égal à celui des *moyens*.

151. De la propriété fondamentale que nous avons démontrée (149), il résulte que, pour trouver un terme inconnu dans une proportion, si ce terme est un extrême, il faut diviser le produit des moyens par l'extrême connu. Soit la proportion :

$$e : m :: m' : x \qquad \text{On en tire (149)} \quad ex = mm'$$

et, par conséquent : $x = \dfrac{mm'}{e}$

Si le terme inconnu est un moyen, il faut, pour obtenir sa valeur, diviser le produit des extrêmes par le moyen connu, car la proportion :

$$e : m :: x : e' \text{ donne} : \quad mx = ee''$$

d'où l'on tire $x = \dfrac{ee'}{m}$; Dans ce cas x s'appelle une *quatrième proportionnelle* entre trois quantités données.

152. On appelle *proportion continue* une proportion dont les deux moyens sont égaux. Telle est la proportion $20 : 10 :: 10 : 5$ ou celle-ci :

$$a : x :: x : b \quad \text{d'où l'on tire (149)} \quad x^2 = ab.$$

et, par conséquent, $x = \sqrt{ab}$.

Ce terme moyen d'une proportion continue se nomme *moyenne proportionnelle géométrique* entre deux quantités.

Donc, pour trouver une moyenne proportionnelle géométrique, il faut extraire la racine carrée du produit des extrêmes.

153. Nous avons prouvé (150) qu'il y a proportion entre quatre quantités toutes les fois que le produit des extrêmes égale celui des moyens — Par conséquent, on peut faire subir aux termes d'une proportion tous les changements de place qui laisseront ces deux produits égaux. On peut donc 1° changer mutuel-

ment les moyens de place ; ainsi la proportion :

$$a : b :: c : d \quad \text{devient} \quad a : c :: b : d$$

2°. Changer mutuellement les extrêmes de place et l'on aura : $d : b :: c : a$

Et si l'on change encore les moyens de place dans cette dernière proportion, l'on aura :

$$d : c :: b : a$$

3°. On peut encore mettre les moyens à la place des extrêmes, ce qui donne :

$$b : a :: d : c$$

Et, comme cette dernière proportion est susceptible des changements précédents, on peut encore en tirer les trois proportions suivantes :

$$b : d :: a : c \qquad c : a :: d : b \qquad c : d :: a : b.$$

Il y a donc en tout huit manières d'écrire une proportion ; de plus, il est évident que ces changements de place ne détruisent pas la proportion, puisque les deux mêmes quantités sont toujours ou extrêmes ou moyens et qu'ainsi le produit des extrêmes égale celui des moyens, ce qui suffit pour qu'il y ait proportion (150.)

154. Il est évident aussi qu'on peut faire subir à une proportion, sans la détruire, tous les changements par multiplication ou division qui laisseront le produit des extrêmes égal à celui des moyens. On peut donc multiplier ou diviser par le même nombre les deux premiers termes ou les deux derniers, les deux antécédents ou les deux conséquents, car de cette manière on multiplie ou on divise par le même nombre un extrême et un moyen — Le produit des extrêmes reste donc toujours égal à celui des moyens — Ainsi de la proportion :

$$a : b :: c : d$$

on peut tirer les proportions suivantes :

$$am : bm :: c : d$$
$$a : b :: cm : dm$$
$$am : b :: cm : d$$
$$a : bm :: c : dm$$

Il en serait de même si l'on divisait.

Remarque. Le principe que nous venons de démontrer fournit le moyen de faire disparaître les dénominateurs qui pourraient se trouver dans une proportion —

Soit, par exemple, la proportion : $3\frac{3}{4} : 10\frac{7}{8} :: 60 : x$

En réduisant les deux premiers termes au même dénominateur 8 l'on aura :

$$\frac{30}{8} : \frac{87}{8} :: 60 : x$$

Si l'on multiplie les deux premiers termes par 8, en supprimant le dénominateur, on obtiendra :

$$30 : 87 :: 60 : x$$

Dans cette dernière proportion, qui ne contient que des entiers, il sera plus facile de trouver la valeur de x que dans la première.

155. Quand deux proportions ont un rapport commun, les deux autres rapports forment une proportion.

En effet, soient les proportions : $a : b :: c : d \qquad a : b :: p : q$

Les deux rapports $\frac{c}{d}$ et $\frac{p}{q}$ étant égaux chacun au rapport $\frac{a}{b}$ sont évidemment égaux entr'eux. On a donc la proportion : $c : d :: p : q$.

156. Quand deux proportions ont les mêmes antécédents, leurs conséquents forment une proportion.

En effet, soient les deux proportions :

$$a : b :: c : d$$
$$a : p :: c : q$$

En changeant les moyens de place (153) elles deviennent :

$$a : c :: b : d$$
$$a : c :: p : q$$

Et, comme ces deux dernières proportions ont un rapport commun, on en tire (155) :

$$b : d :: p : q.$$

On démontrerait de la même manière que lorsque deux proportions ont les mêmes conséquents, leurs antécédents peuvent être mis en proportion.

157. Dans toute proportion la somme ou la différence des deux premiers termes est au second terme comme la somme ou la différence des deux derniers est au quatrième.

Ainsi la proportion : $a : b :: c : d$ donne $a \pm b : b :: c \pm d : d$.

En effet, $a \pm b$ contient b une fois de plus ou une fois de moins que a contient b, mais aussi $c \pm d$ contient d une fois de plus ou une fois de moins que c contient d ; c'est-à-dire qu'augmenter ou diminuer chaque antécédent de son conséquent, c'est augmenter ou diminuer les deux quotients d'une unité, et comme ils étaient égaux auparavant, ils le sont encore après cette augmentation ou cette diminution – Il y a donc toujours proportion.

158. Dans toute proportion la somme ou la différence des deux premiers termes est au premier terme comme la somme ou la différence des deux derniers est au troisième.

En effet, soit la proportion : $a : b :: c : d$

d'après la propriété précédente on en tire $a \pm b : b :: c \pm d : d$

Ces deux proportions ayant les mêmes conséquents on peut mettre en proportion leurs antécédents (156) et l'on a $a \pm b : c \pm d :: a : c$

Et enfin, en changeant les moyens de place dans cette dernière, on a $a \pm b : a :: c \pm d : c$.

159. Dans toute proportion la somme ou la différence des antécédents est à la somme ou à la différence des conséquents comme un antécédent quelconque est à son conséquent.

En effet, soit la proportion : $a : b :: c : d$

en changeant les moyens de place on a $a : c :: b : d$

en appliquant à cette proportion la propriété précédente on obtient $a + c : a :: b + d : b$

et enfin, en changeant les moyens de place $a \pm c :: b \pm d :: a : b$

et, comme cette dernière proportion et la première ont un rapport commun, on a encore : $a \pm c : b \pm d :: c : d$, ces deux dernières proportions démontrent le principe énoncé.

160. Dans une suite de rapports égaux la somme des antécédents est à la somme des conséquents comme un antécédent quelconque est à son conséquent.

En effet, soient les rapports égaux : $a : b :: c : d :: h : l :: p : q \ldots$

Les deux premiers rapports formant une proportion on en tire, d'après la propriété précédente : $a + c : b + d :: c : d$

Remplaçant le dernier rapport par son égal $h : l$ on a : $a \pm c : b + d :: h : l$

On peut appliquer à cette dernière proportion la propriété précédente (159) et l'on aura : $a + c + h : b + d + l :: h : l$

En remplaçant $h : l$ par son égal $p : q$, l'on aura $a + c + h : b + d + l :: p : q$,

Et enfin, en appliquant encore à cette dernière proportion la propriété des numéros précédents (159)

l'on obtient : $\qquad\qquad a+c+h+p : b+d+l+q :: p : q$

ou, puisque tous ces rapports sont égaux : $\qquad :: a : b$

$\qquad\qquad\qquad :: c : d$

$\qquad\qquad\qquad :: h : l$

On continuerait la démonstration de la même manière pour un plus grand nombre de rapports égaux.

161. Quand on multiplie terme à terme plusieurs proportions les quatre produits qui en résultent forment encore une proportion.

Soient les trois proportions : $\qquad\qquad a : b :: c : d$

$\qquad\qquad\qquad f : k :: l : m$

$\qquad\qquad\qquad p : q :: t : x$

On peut les écrire sous la forme équivalente

$$\frac{a}{b} = \frac{c}{d}$$
$$\frac{f}{k} = \frac{l}{m}$$
$$\frac{p}{q} = \frac{t}{x}$$

En multipliant ces équations membre à membre, nous aurons évidemment la nouvelle équation :

$$\frac{afp}{bkq} = \frac{clt}{dmx}$$

D'où résulte la proportion $afp : bkq :: clt : dmx$, ce qu'il fallait démontrer.

162. Lorsque quatre quantités sont en proportion leurs puissances semblables sont aussi en proportion.

En effet, soit la proportion : $\qquad\qquad a : b :: c : d$

nous pouvons l'écrire une autre fois : $\qquad a : b :: c : d$

D'après la propriété précédente nous pouvons multiplier ces deux proportions terme à terme et nous aurons : $\qquad\qquad a^2 : b^2 :: c^2 : d^2$

On peut encore multiplier cette proportion par la première et l'on aura : $a^3 : b^3 :: c^3 : d^3$

Donc, en général, de la proportion : $\qquad a : b :: c : d$

On tire la proportion : $\qquad\qquad a^n : b^n :: c^n : d^n$

163. Lorsque quatre quantités sont en proportion, leurs racines semblables forment aussi une proportion.

En effet, soit la proportion $a : b :: c : d$, elle donne $\dfrac{a}{b} = \dfrac{c}{d}$ ces deux quantités étant égales, leurs racines semblables le seront aussi et l'on aura

$$\sqrt[n]{\frac{a}{b}} = \sqrt[n]{\frac{c}{d}}$$

et, comme, pour extraire la racine d'une fraction, il faut extraire celle du numérateur et celle du dénominateur, on aura

$$\frac{\sqrt[n]{a}}{\sqrt[n]{b}} = \frac{\sqrt[n]{c}}{\sqrt[n]{d}}$$

d'où résulte la proportion : $\sqrt[n]{a} : \sqrt[n]{b} :: \sqrt[n]{c} : \sqrt[n]{d}$, ce qu'il fallait démontrer.

Chapitre IX.

Règles de trois.

164. On appelle *règle de trois simple* l'opération par laquelle on détermine un terme d'une proportion dont on connaît les trois autres.

165. Les questions qui dépendent d'une règle de trois renferment toujours dans leur énoncé quatre nombres dont deux, d'une espèce, peuvent être considérés comme *causes*, et deux d'une autre espèce doivent être regardés comme *effets* des premiers. Ainsi dans les exemples suivants : 4 mètres d'étoffe ont coûté 36 francs, combien coûteront 6 mètres ?

Il a fallu 20 jours à 135 ouvriers pour faire un certain ouvrage ; combien faudrait-il de jours à 300 ouvriers, de même force, pour faire le même ouvrage ?

Dans le premier exemple les *causes* sont 4 mètres et 6 mètres ; les *effets* sont 36 francs et le nombre que l'on cherche. Dans le second exemple les *causes* sont 135 et 300 ouvriers, les *effets* 20 jours et le nombre que l'on cherche.

166. On appelle rapport *direct*, le rapport qui existe entre une cause et son effet, lorsque la cause augmentant, l'effet augmente de la même manière, ou lorsque la

cause diminuant, l'effet diminue de la même manière.

167. Lorsqu'une règle de trois renferme des rapports directs, il faut pour établir la proportion qu'une cause et son effet soit l'un extrême et l'autre moyen. Ainsi dans le 1.er exemple que nous avons donné, il est évident que plus on achètera de mètres plus ils coûteront d'argent. Le rapport est donc direct. Il est visible aussi que si le second nombre de mètres est double, triple.... du premier, le second prix sera double, triple.... du premier et qu'ainsi, après avoir formé, pour plus de facilité, le tableau suivant avec les nombres donnés :

$$1^{re} \text{ cause} \quad 4^m \quad 36^f \quad 1^{er} \text{ effet.}$$
$$2^{me} \text{ cause} \quad 6^m \quad x \quad 2^{me} \text{ effet.}$$

on aura la proportion suivante : $4 : 6 :: 36 : x$ d'où $x = \dfrac{36 \times 6}{4} = 54^f$

168. On appelle rapport *inverse* ou *indirect* le rapport qui existe entre une cause et son effet, lorsque la cause augmentant, l'effet diminue de la même manière, ou lorsque la cause diminuant, l'effet augmente de la même manière.

Ainsi dans cette question : il a fallu 20 jours à 135 ouvriers pour faire un certain ouvrage, combien faudra-t-il de jours à 300 ouvriers de même force pour faire le même ouvrage ? il est évident que le rapport est *indirect* ; car plus il y aura d'ouvriers moins il mettront de jours.

169. Lorsqu'une règle de trois renferme des rapports indirects, il faut, pour établir la proportion qu'une cause et son effet soit tous les deux extrêmes ou moyens.

Ainsi le tableau abrégé de la question étant fait comme ci-dessus :

$$135^{ouv} \qquad 20^j$$
$$300 \qquad x$$

il est évident que si le second nombre d'ouvriers était double, triple..... du premier, les jours employés dans le 1.er cas seraient doubles, triples..... de ceux employés dans le second. On a donc la proportion $\qquad 300 : 135 :: 20 : x$

d'où ..... $x = \dfrac{135 \times 20}{300} = 9$

170. Les problèmes dont on trouve la solution au moyen d'une règle de trois peuvent aussi être résolus par une autre méthode qui a l'avantage de s'appliquer à tous les problèmes

qui sont du ressort de l'arithmétique. On l'appelle méthode de l'unité ou méthode analytique. Il est nécessaire de la connaître car elle est aussi d'un grand secours pour une multitude de questions algébriques. Il nous suffira pour la faire comprendre de l'appliquer aux deux exemples précédents.

1er Exemple: puisque 4 mètres coûtent 36 francs un mètre coûtera 4 fois moins c'est-à-dire $\frac{36}{4}$ et 6 mètres coûteront 6 fois plus ou $\frac{36 \times 6}{4} = 54$ francs.

2e Exemple: 135 ouvriers employant 20 jours pour faire un ouvrage un seul ouvrier mettra 20 fois plus de jours, c'est-à-dire 135×20 et 300 ouvriers en mettront 300 fois moins, c'est-à-dire $\frac{135 \times 20}{300} = 9$ jours.

171. Une règle de trois est dite *composée* lorsqu'elle dépend de plusieurs règles de trois simples et qu'elle donne lieu à une proportion provenant de la multiplication de plusieurs autres.

L'exemple suivant fera comprendre et cette définition et la manière de résoudre les problèmes qui donnent des règles de trois composées.

10 ouvriers travaillant 9 heures par jour pendant 24 jours ont creusé un canal de 60 mètres de long sur 8 de large et 9 de profondeur:

Combien 2 ouvriers travaillant 10 heures par jour, mettront-ils de jours pour creuser dans un terrain, 5 fois plus difficile, un canal de 6 mètres de long sur 4 de large et 2 de profondeur? Faisons d'abord le tableau abrégé des conditions du problème

10 ouv.	24 jours	9 h.	60 longueur	8 larg.	9 prof.	1 difficulté
2	x	10	6	4	2	5

Supposons que tout, à l'exception du nombre d'ouvriers et du nombre de jours, soit égal dans les deux cas on dira: 10 ouvriers mettent 24 jours pour faire un ouvrage, combien 2 ouvriers en mettront-ils pour faire le même ouvrage? comme le rapport est inverse on aura la proposition (1) ci-après:

10 ouv.	24 jours
2	y

Nous pourrions maintenant prendre la valeur de y, mais cela est inutile comme on le verra bientôt, seulement nous raisonnerons pour y comme s'il était connu et nous

Dirons en ayant égard au nombre d'heures : il a fallu $\quad 9^h \qquad y^i$

y jours aux seconds ouvriers en supposant qu'ils travaillaient $\quad 10 \qquad m$

9 heures par jour, combien leur faudra-t-il de jours lorsque ils travailleront réellement 10 heures par jour ? comme le rapport est inverse on aura la proportion (2) ci-après :

Maintenant regardant la valeur de m comme déterminée, on dira en tenant compte de la longueur du canal : en supposant la longueur du canal de 60 mètres il faut m jours aux seconds ouvriers, combien leur en $\quad 60^m \qquad m^i$
faudra-t-il lorsque cette longueur ne sera réellement que $\quad 6 \qquad p.$
de 6 mètres. Le rapport est direct et donne la proportion (3) ci après.

En raisonnant de même pour la largeur, la profondeur du canal et la difficulté du terrain, on trouvera des rapports directs qui donneront les proportions (4) (5) (6).

$$
\begin{aligned}
(1) \qquad & 2 : 10 :: 24 : y \\
(2) \qquad & 10 : 9 :: y : m \\
(3) \qquad & 60 : 6 :: m : p \\
(4) \qquad & 8 : 4 :: p : q \\
(5) \qquad & 9 : 2 :: q : z \\
(6) \qquad & 1 : 5 :: z : x
\end{aligned}
$$

En multipliant toutes ces proportions terme à terme (161) nous aurons la nouvelle proportion (7) $2 \times 10 \times 60 \times 8 \times 9 : 10 \times 9 \times 6 \times 4 \times 2 \times 5 :: 24\, y\, m\, p\, q\, z : y\, m\, p\, q\, z\, x.$
Et si nous divisons les deux derniers termes (156) par le facteur commun $y\, m\, p\, q\, z$ qu'on aurait pu se dispenser d'écrire, nous aurons : $2 \times 10 \times 60 \times 8 \times 9 : 10 \times 9 \times 6 \times 4 \times 2 \times 5 :: 24 : x$
D'où l'on tire . . . . . . $x = \dfrac{10 \times 9 \times 6 \times 4 \times 2 \times 5 \times 24}{2 \times 10 \times 60 \times 8 \times 9}$
et si au lieu de faire les multiplications indiquées dans cette équation, on réduit la fraction à sa plus simple expression en supprimant les facteurs communs aux deux termes, on aura . . . . $x = 6$ jours.

On aurait pu, si on l'avait préféré, faire les simplifications dans la proportion (N°. 7) comme dans toute proportion on peut diviser les deux premiers termes ou les deux

Derniers, les deux antécédents ou les deux conséquents, cette proposition serait devenue $1 : 1 :: 6 : x$ d'où l'on tire ..... $x = 6$.

N°. 172. Même problème traité par la Méthode de l'unité.

Comme précédemment, supposons que tout à l'exception du nombre d'ouvriers et du nombre de jours soit égal. Or puisque 10 ouvriers ont mis 24 jours, 1 ouvrier en mettrait 10 fois plus, c'est-à-dire .... 24×10

Les 2 ouvriers en mettront 2 fois moins ou .... $\dfrac{24 \times 10}{2}$

Tel serait le nombre de jours cherché, si les autres conditions étaient les mêmes ; mais nous avons supposé pour un instant que les seconds ouvriers travaillaient comme les premiers 9 heures par jour ; or s'ils ne travaillaient que pendant une heure il leur faudrait 9 fois plus de jours, c'est-à-dire .... $\dfrac{24 \times 10 \times 9}{2}$

Mais ils travaillent en réalité pendant 10 heures, il ne leur faudra donc que la 10e partie du nombre fractionnaire précédent c'est-à-dire .... $\dfrac{24 \times 10 \times 9}{2 \times 10}$

passons à une autre condition que nous avons négligée. S'il faut aux seconds ouvriers le nombre de jours indiqué par la dernière expression fractionnaire pour un canal de 60 mètres de long, ils en mettraient 60 fois moins pour un canal d'un seul mètre c'est-à-dire .... $\dfrac{24 \times 10 \times 9}{2 \times 10 \times 60}$

et pour un canal de 6 mètres, 6 fois plus ou .... $\dfrac{24 \times 10 \times 9 \times 6}{2 \times 10 \times 60}$

Tel est le nombre de jours par un canal de 6 mètres de large, mais pour un canal d'un mètre de large, il faudra 8 fois moins de jours, c'est-à-dire .. $\dfrac{24 \times 10 \times 9 \times 6}{2 \times 10 \times 60 \times 8}$

et pour un canal de 4 mètres, il faudra 4 fois plus de jours ou .... $\dfrac{24 \times 10 \times 9 \times 6 \times 4}{2 \times 10 \times 60 \times 8}$

Tel est le nombre de jours pour un canal de 9 mètres de profondeur, mais pour un seul mètre de profondeur, il faudrait 9 fois moins de jours, c'est-à-dire .. $\dfrac{24 \times 10 \times 9 \times 6 \times 4}{2 \times 10 \times 60 \times 8 \times 9}$

et pour un canal qui a réellement 2 mètres de profondeur, il faudra 2 fois plus de jours, c'est-à-dire : .... $\dfrac{24 \times 10 \times 9 \times 6 \times 4 \times 2}{2 \times 10 \times 60 \times 8 \times 9}$

Tel serait le nombre de jours si la difficulté du terrain était la même mais comme les seconds ouvriers travaillent dans un terrain 5 fois plus difficile, il leur faudra 5 fois plus

De jours, c'est-à-dire . . . . $\dfrac{22 \times 10 \times 9 \times 6 \times 4 \times 2 \times 5}{2 \times 10 \times 60 \times 8 \times 9}$

En effectuant les calculs indiqués, on trouvera comme précédemment $x = 6$ jours.

173. Comme la plupart des questions numériques qui se présentent le plus ordinairement peuvent se résoudre par le moyen de la *règle de trois*, nous donnerons encore un autre exemple que nous traiterons par la Méthode de l'unité.

Problème. Avec 168 kilogrammes de fil on a tissé 10 pièces de toile de 8^m 4 de long sur 3/4 de mètre de large. On demande combien on tisserait de pièces de 28 mètres de long sur 5/8 de large avec 560 kilogrammes du même fil ?

Réduisant d'abord à la même espèce les nombres décimaux qui expriment la longueur des pièces de toile, et au même dénominateur les nombres qui expriment la largeur, j'ai pour les premiers 84 décimètres et 280 décimètres et pour les autres 6/8 et 5/8, je dis ensuite :

Avec 168 kilogrammes on tisse 10 pièces, avec un seul kilogramme on ferait 168 fois moins de pièces, c'est-à-dire . . . . $\dfrac{10}{168}$

et avec 560 kilog. on en ferait 560 fois plus, ou . . . . $\dfrac{10 \times 560}{168}$

Tel serait le nombre de pièces si la longueur de chaque pièce était de 84 décimètres, mais si elle n'était que d'un seul décimètre ce nombre serait 84 fois plus considérable, c'est-à-dire . . . . $\dfrac{10 \times 560 \times 84}{168}$

et comme la longueur de chaque pièce doit être réellement de 280 décimètres on tissera 280 fois moins de pièces, ou . . . . $\dfrac{10 \times 560 \times 84}{168 \times 280}$

Tel est le nombre de pièces pour une largeur de 6/8 de mètre et pour une largeur de 1/8 on aura 6 fois plus de pièces, c'est-à-dire . . . . $\dfrac{10 \times 560 \times 84 \times 6}{168 \times 280}$

Mais comme la largeur est réellement de 5/8 on tissera 5 fois moins de pièces, on en tissera donc . . . . $\dfrac{10 \times 560 \times 84 \times 6}{168 \times 280 \times 5}$

en effectuant les calculs on trouvera . . . . $x = 12$ pièces.

Remarque 1°. La Méthode des *proportions* se réduisant à une simple formule nous paraît plus facile, elle exige une tension d'esprit moins grande. La Méthode de l'unité forme plus le jugement, elle habitue les élèves à un raisonnement sévère capable de développer leur intelligence et leur sagacité, de plus elle est exigée pour le baccalauréat et il suffit pour l'employer de savoir les quatre règles fondamentales de l'arithmétique sur les nombres entiers et fractionnaires. Les deux Méthodes ont donc chacune leur avantage nous conseillons de se servir simultanément de l'une et de l'autre.

Remarque 2° Quelle que soit la Méthode que l'on emploie, il est nécessaire de ne jamais perdre de vue la nature du terme inconnu.

174. Pour vérifier une règle de trois simple ou composée il suffit de résoudre une nouvelle règle de trois en prenant pour inconnue l'une des quantités données et regardant comme connu le nombre qu'on a trouvé. Si l'on obtient de la sorte la quantité qu'on a supposée inconnue, l'opération est exacte.

Problèmes sur la règle de trois.

203. Lorsque 5/12 de mètre de drap, à 3/10 de large, ont été payés 6^f,50; combien en aurait-on de mètres à 7/8 de large pour 819 francs ?

204. Combien faut-il de mètres de toile à 2/3 de large pour doubler 20 mètres de drap à 5/4 de large ?

205. Une ville assiégée n'a plus que pour 9 jours de vivres; mais elle ne doit recevoir de secours que dans 15 jours. À combien doit on réduire la ration de chaque individu par jour ?

206. Lorsque 35 oranges coûtent 5^f,95, trouver le prix de la douzaine, du cent, du mille.

207. Combien gagne-t-on pour cent en revendant 12^f,93, ce qui coûte 12 francs ?

208. En travaillant 6 heures par jour pendant 20 jours, 30 ouvriers ont construit une muraille de 125 mètres de long, sur 0^m,24 de large et 2^m,2 de hauteur. Combien 27 ouvriers devront-ils travailler d'heures par jour, pendant 36 jours, pour construire une muraille de 150 mètres de long, sur 0^m,33 de large et 3^m,6 de hauteur; l'habileté des premiers ouvriers n'étant que les 4/5 de celle des seconds ?

209. Avec 2 kilogr. de soie on a fait 120 rouleaux de rubans d'une longueur de 100 mètres et de 0^{m}08 de large. On demande combien, avec 20 kilogr. on en ferait de rouleaux d'une longueur de 60 mètres et de 0^{m}05 de large?

210. En travaillant 8 jours 3^h 3/4 par jour, François a tissé une toile de 24 mètres de long sur 1^m 1/4 de large.... Pierre a travaillé 6 jours 2 heures et 40 minutes par jour pour en tisser une de 16 mètres de long sur 3/6 de large. Le fil employé par François n'offre que les 5/6 de la difficulté que présente celui dont Pierre s'est servi. On demande le rapport d'habileté des deux tisserands.

211. Un verger a 75 mètres de long sur 14^m 2 de large, la difficulté d'exploitation est représentée par 1 et la bonté du terrain pour 2/3, il a coûté 6000 francs. Un jardin a 25 mètres de long sur 9^m 6 de large, la difficulté d'exploitation est représentée par 1/4, la bonté du terrain par 2, il a coûté 8000 francs. Quelle est la propriété qui est à meilleur compte?

212. Un premier ouvrier a fait en 9 heures 36 mètres d'ouvrage dans un terrain; un second ouvrier a fait dans un autre terrain 12 mètres en 6 heures. La force du premier est à celle du second comme 3 est à 2. Quel est le rapport des duretés des terrains?

Chapitre X.
Règle d'intérêt.

175. On appelle *Règle d'intérêt* l'opération qui sert à résoudre les questions relatives au revenu de l'argent que l'on prête suivant certaines conditions.

176.. L'intérêt d'une somme dépend du **capital**, du temps pendant lequel ce capital est placé et du **taux** d'intérêt.

177. On appelle **capital** la somme placée à intérêt.

178. Le temps indique le nombre d'années, de mois ou de jour que l'emprunt a duré.

179. Le taux d'intérêt est le bénéfice que rapporte 100 francs dans un an, ainsi

une somme est placée à 5 pour 100, lorsque chaque 100 francs de cette somme produit un intérêt de 5 francs; dans ce cas 5 est le *Taux* de l'intérêt. On le désigne par l'expression abrégée 5 p°/o.

130. On appelle *intérêt* d'une somme le bénéfice calculé à tant pour cent que cette somme a produit et que l'emprunteur doit ajouter au capital à l'époque du remboursement.

131. On dit qu'une somme est placée à *intérêt simple* lorsque cet intérêt ne s'ajoute jamais au capital et ne peut lui-même porter intérêt lors même qu'il reste entre les mains du débiteur après son échéance.

132. L'algèbre fournit des formules simples et faciles pour résoudre les questions relatives à la règle d'intérêt.

Désignons par c le capital, par t le temps pendant lequel il est placé et par i le taux d'intérêt.

1° Puisque 100 francs rapportent un nombre de francs désigné par i dans un an; un franc rapportera dans le même temps 100 fois moins ou $\frac{i}{100}$ et un capital c rapportera c fois plus ou $\frac{ci}{100}$ et au bout de t années il rendra t fois $\frac{ci}{100}$, c'est-à-dire $\frac{cit}{100}$. Donc si x désigne l'intérêt du capital prêté on aura la formule . . . . . . $x = \frac{cit}{100}$.

Ainsi si l'on demande l'intérêt de 950 francs placés pendant 3 ans 5 mois, à raison de 6 p°/o on aura d'après la formule . . . . . $x = \frac{950 \times 6 \times 41}{100 \times 12} = 194^{f}.75$.

2° Si on avait à déterminer le taux d'intérêt auquel un capital a été placé, i serait inconnu dans la formule $x = \frac{cit}{100}$ de laquelle en multipliant les deux membres par 100 et en les divisant ensuite par ct on déduirait la nouvelle formule

$$i = \frac{100\,x}{ct}$$

Ainsi si l'on demande à quel taux a été placé un capital de 950 francs qui au bout de 3 ans, 5 mois a rapporté 194^{f}.75 on aura d'après la formule :

$$x = \frac{194.75 \times 12}{950 \times 41} = 6$$

3° Lorsque l'on a le capital à déterminer il est évident par la formule devient :

$$c = \frac{100\,x}{it}$$

4°. Enfin pour déterminer le temps pendant lequel le capital a été placé, on a la formule :

$$t = \frac{100\,x}{c\,i}$$

183. Nous traiterons le problème suivant dont la solution ne peut être obtenue immédiatement par les formules précédentes.

Un capital augmenté de ses intérêts perçus à 5 p% vaut 8082 au bout de 2 ans, 5 mois et 12 jours quel est ce capital ?

On cherche d'abord l'intérêt de 100 francs à 5 p% pour 2 ans 5 mois et 12 jours et d'après la formule $x = \frac{c\,i\,t}{100}$ on a $x = \frac{100 \times 5 \times 882}{100 \times 360} = 12^{f}\,25$.

Ajoutant $12^{f}\,25$ à 100 francs on dit : $112^{f}\,25$ supposent un capital de 100 francs, quel capital supposent 8082 francs. On a ainsi une règle de trois simple dont le rapport est direct et par conséquent la proportion $112,25 : 8082 :: 100 : x$.

D'où l'on tire : . . . . $x = \frac{808200}{112,25} = 7200^{f}$ capital demandé.

184. On dit que l'intérêt est *composé*, quand, à la fin de chaque année, il se joint au capital pour former un nouveau capital et porter intérêt à son tour.

185. Pour calculer les intérêts composés d'une somme on cherche d'abord l'intérêt de cette somme pour un an, au taux déterminé, et l'on ajoute cet intérêt au capital, ce qui donne un nouveau capital. On cherche encore l'intérêt pour un an de ce nouveau capital. Cet intérêt ajouté au capital qui l'a produit donne un troisième capital sur lequel on opère comme sur les deux premiers et ainsi de suite jusqu'à ce qu'on ait épuisé le nombre d'années.

En voici un exemple : Une personne a gardé pendant 4 ans un capital de 625 francs à 5% et à intérêts composés. Combien doit-elle au bout de ce temps ?

1er intérêt $\frac{625 \times 5}{100} = 31^{f}25$ 2ème capital $625 + 31,25 = 652^{f}25$

2ème intérêt $\frac{652,25 \times 5}{100} = 32,81$ 3ème capital $652,25 + 32,81 = 689,06$

3ème intérêt $\frac{689,06 \times 5}{100} = 34,45$ 4ème capital $689,06 + 34,45 = 723,51$

4ème intérêt $\frac{723,51 \times 5}{100} = 36,17$

Somme due $723,51 + 36,17 = 759^{f}68$.

Problèmes sur les intérêts.

213. Quel est l'intérêt simple de 6600 francs pour un an 3 mois et 18 jours à 5 %?

214. Un capital de 1680 francs a produit à 5 p % 219 f. 80 ; quelle a été la durée du placement ?

215. A quel taux faut-il placer 8010 francs pour avoir 336 f. 42 d'intérêt au bout de 8 mois 12 jours ?

216. Combien de temps faut-il pour qu'une somme de 1800 francs produise, à 4 ½ p %, un intérêt de 252 francs ?

217. Pour un capital qui a été placé à 6 p % pendant un an et 3 mois, on reçoit tant en principal qu'intérêt une somme de 2158 f. 60 ; quel est ce capital ?

218. Trouver l'intérêt composé de 3600 francs à 5 p %, pour 3 ans 5 mois ?

219. Quelqu'un reçoit 689 francs pour les intérêts composés produits par un capital de 3600 francs à 5 p % quelle a été la durée du placement ?

220. Quelle somme faudrait-il placer à 4 p % par an, en capitalisant annuellement les intérêts pour avoir au bout de 3 ans, 3 mois et 10 jours un capital de 951 f. 45 ?

221. Pendant combien de temps a été placé à 5 p % un capital de 800 francs, qui, augmenté de ses intérêts composés, est devenu égal à 944 f. 622 ?

Chapitre XI.
Règle d'Escompte.

---

186. L'Escompte est une retenue faite sur la valeur d'un billet ou d'une lettre de change, qui ne sont payables qu'au bout d'un certain temps et qu'on voudrait se faire payer avant l'échéance.

187. Dans la règle d'escompte, comme dans celle d'intérêt on distingue quatre choses : 1° l'Escompte ou la retenue faite sur le billet ; 2° le Taux ou la retenue faite pour 100 francs ; 3° le Temps dont le paiement est anticipé et 4° le Capital ou la somme escomptée. La règle d'Escompte a pour but de déterminer l'une de ces quatre choses, les

trois autres étant connues.

188. Il y a deux espèces d'escomptes. Le premier est appelé escompte en dehors ou commercial et le second escompte en dedans ou rationnel.

189. **Escompte en dehors** ou **commercial**. L'escompte commercial n'est autre chose que l'intérêt simple de la somme énoncée sur le billet, intérêt que l'on calcule d'après le taux convenu, pour le temps qui doit s'écouler jusqu'à son échéance;

1°. par conséquent on trouve l'escompte d'une somme de la même manière que l'on calcule ses intérêts, on peut donc se servir de la formule que nous avons donnée (N°. 182) $x = \dfrac{cit}{100}$.

On retranche ensuite l'escompte de la valeur énoncée sur le billet et le reste donne la valeur actuelle de ce billet.

1er Exemple. Un banquier escompte à 6 p°/o un billet de 1560 francs, payable dans 15 mois. On demande quelle somme il donne comptant au porteur du billet ?

En employant la formule ci-dessus on a $x = \dfrac{1560 \times 6 \times 15}{100 \times 12} = 117^f$

En retranchant 117 de 1560 on aura 1443 valeur actuelle du billet et la somme que son porteur reçoit du banquier.

On voit par cet exemple que la différence entre l'intérêt simple et l'escompte c'est que l'intérêt s'ajoute au capital, tandis que l'escompte en est retranché.

2°. Si l'on veut connaître à quel taux un billet a été escompté on se servira de la formule que nous avons aussi expliquée (182) $x = \dfrac{100\,x}{ct}$

2e Exemple. Un billet de 9000 francs payable dans 1 an 3 mois et 12 jours a subi une retenue de 693 francs, à quel taux a-t-il été escompté ?

On aura d'après la formule : - - - $x = \dfrac{69\,300 \times 360}{9000 \times 462} = 6.$

3°. Si l'on voulait connaître le montant du billet escompté on aurait recours à la formule : - - - - - $c = \dfrac{100\,x}{it}$

3e Exemple. Quel est le montant d'un billet dont l'escompte pris à 4 p°/o pour un an et 9 mois égale $85^f 75$?

On aura d'après la formule : $c = \dfrac{2575 \times 12}{4 \times 21} = 1225$

30.

4°. Enfin pour connaître le temps dont le paiement a été anticipé on aura la formule : . . . . . . $t = \dfrac{100\,x}{c\,i}$.

    Exemple. Combien de temps avant son échéance est acquitté un billet de 4000 francs qui a subi à 5 p.% une retenue de 140 francs ?

    On aura d'après la formule . . . . $t = \dfrac{14000}{4000 \times 5} = 0^{\text{an}}.\ 8^{\text{mois}}.\ 12\ \text{jours}.$

    190. *Escompte en dedans ou rationnel.* Nous avons appelé l'escompte en dedans, escompte rationnel, parcequ'il est fondé sur la justice et la raison. En effet l'escompte en dedans est celui par lequel le banquier ne prélève sur le montant d'un billet que l'intérêt de la somme qui revient actuellement au possesseur du billet. C'est l'intérêt de l'argent avancé par le banquier.

    Ainsi le taux étant, par exemple à 5 p.% par an, 100 francs comptant vaudront 105 francs au bout d'un an. Par conséquent un billet de 105 francs payable au bout d'un an ne vaudrait actuellement que 100 francs et éprouverait une retenue de 5 francs. C'est cette retenue qui porte le nom d'escompte en dedans ou *rationnel.*

    191. L'Algèbre fournit aussi des formules pour la solution des problèmes traités par la Méthode de l'escompte en dedans.

    1° *Valeur actuelle du billet.* Représentons par a la somme énoncée dans le billet, par t le temps qui doit s'écouler avant l'échéance et par i le taux d'escompte.

    Puisque 100 francs rapportent i^{fr} dans un an, ils doivent rapporter dans le temps t, t fois i ou it. Donc au bout du temps t, le capital 100^{fr} devient $100 + it$.

    Cela posé,

$100 + it$ payable au bout du temps t, se réduit à 100 payable actuellement.

1 franc payable au bout du temps t se réduit à $\dfrac{100}{100 + it}$

Une somme a payable au bout du temps t se réduit à $\dfrac{100\,a}{100 + it}$. Si donc x désigne la valeur actuelle d'un billet a payable au bout du temps t on a la formule

$$(1) \qquad x = \dfrac{100\,a}{100 + it}$$

En faisant l'application de cette formule au 1er exemple proposé dans le N°.

précédent dans lequel $a = 1560$, $i = 6$ et $t = \frac{15}{12}$, on a

$$x = \frac{1560 \times 100}{100 + 6 \times \frac{15}{12}} = \frac{156000}{107,5} = 1451,16$$

2°. *Valeur de l'escompte*. Si l'on veut calculer directement l'escompte, on obtiendra une autre formule par les raisonnement suivants:

Pour $100 + it$ payable au bout du temps t l'escompte est de it pour un franc au bout du temps t l'escompte sera $\frac{it}{100 + it}$ et pour une somme a il sera de $\frac{ait}{100 + it}$, en désignant par x l'escompte cherché on aura la formule (2) $x = \frac{ait}{100 + it}$.

Si on applique cette formule au problème précédent on trouve:

$$x = \frac{1560 \times 6 \times \frac{15}{12}}{100 + 6 \times \frac{15}{12}} = \frac{1560 \times 7,5}{107,5} = 108,84.$$

Ces deux manières d'opérer se servent mutuellement de preuve; en effet si l'on ajoute l'escompte $108^f.84$ à $1451,16$ somme avancée par le banquier on trouvera 1560 somme écrite sur le billet. De plus si l'on cherche l'intérêt de $1451^f.16$ pour 15 mois et à 6 p.%, on trouvera $108^f,84$.

Remarque. En comparant cet escompte avec celui que nous avons obtenu par la première Méthode et qui égale 117 francs on verra que le banquier en prenant l'escompte en dehors retient $8^f.16$ de plus qu'en prenant l'escompte en dedans. Pour expliquer cette différence, il faut observer qu'en retenant 117 francs, le banquier prélève l'intérêt de 1560 francs pour 15 mois, tandisqu'il ne devrait retenir rigoureusement que l'intérêt de la valeur actuelle du billet, c'est-à-dire de $1451^f.16$, et cette condition est remplie par l'escompte rationnel.

Cependant l'escompte en dehors est le seul usité en France dans le commerce, soit parcequ'il est plus lucratif pour les banquiers, soit aussi parcequ'il est plus commode pour les calculs comme on a pu facilement s'en apercevoir dans les exemples précédents.

3°. *Valeur du taux*. Si l'on avait à déterminer le taux d'après lequel un billet a été escompté de la formule (2) $x = \frac{ait}{100 + it}$ on déduirait successivement

$$100 x + itx = ait$$
$$100 x = ait - itx$$
$$100 x = (at - tx)\, i$$
$$i = \frac{100\,x}{at - tx}$$

2º **Temps.** Si l'on avait à déterminer dans combien de temps le billet est payable, de la même formule $x = \frac{ait}{100 + it}$ on déduirait comme précédemment :

$$t = \frac{100\,x}{ai - ix}$$

Problèmes sur la règle d'escompte.

Résoudre les problèmes suivants d'après les deux méthodes.

222. Un billet de 8600 francs est payable dans 15 mois, quelle est sa valeur actuelle, en le faisant escompter à 6 p % par an ?

223. Un billet de $610^{f}60$ payable dans 18 mois, n'a été payé que 568 francs. D'après quel taux a-t-il été escompté ?

224. Pour une somme de 4650, un marchand n'a reçu que $4293^{f}50$, combien de temps avant le terme a-t-il été payé, le taux étant de 6 p % ?

225. Quelle retenue doit subir un billet de $2810^{f}45$ payable dans 2 ans et 8 mois, en supposant le taux d'escompte de $8^{f}75$ p % ?

226. Un libraire a acheté des livres pour 3570 francs, à un an de crédit, avec faculté d'avancer le paiement moyennant un escompte de 8 p % par an. Pour se libérer il ne débourse que $3436^{f}60$; combien de temps avant le terme a-t-il donc payé ?

227. Quel gain ou quelle perte fait-on quand on échange un billet de 3730^{f} payable dans 4 mois, contre un billet de 3640 francs payable dans 20 jours, l'escompte étant à $4^{f}5$ pour 100.